ABB 工业机器人实用配置指南

上海 ABB 工程有限公司　编著

电子工业出版社
Publishing House of Electronics Industry
北京·BEIJING

内 容 简 介

本书就 ABB 工业机器人实际应用中的典型问题做实例讲解，以 ABB 工业机器人 RobotWare6 以上版本为例，内容主要包括机器人校准原理、各类工业总线配置、机器人外轴联动配置、输送链跟踪、SafeMove2 配置和 ABB 工业机器人常见故障及原因分析等。

本书主要阅读对象为工业自动化团队、机器人工程师、大专院校师生等有一定自动化基础的人。

未经许可，不得以任何方式复制或抄袭本书之部分或全部内容。
版权所有，侵权必究。

图书在版编目（CIP）数据

ABB 工业机器人实用配置指南 / 上海 ABB 工程有限公司编著. —北京：电子工业出版社，2019.9
ISBN 978-7-121-37215-5

Ⅰ.①A… Ⅱ.①上… Ⅲ.①工业机器人－程序设计 Ⅳ.①TP242.2

中国版本图书馆 CIP 数据核字（2019）第 164638 号

责任编辑：张迪（zhangdi@phei.com.cn）
印　　刷：北京盛通数码印刷有限公司
装　　订：北京盛通数码印刷有限公司
出版发行：电子工业出版社
　　　　　北京市海淀区万寿路 173 信箱　邮编　100036
开　　本：787×1092　1/16　印张：18.25　字数：467 千字
版　　次：2019 年 9 月第 1 版
印　　次：2025 年 2 月第 14 次印刷
定　　价：69.00 元

凡所购买电子工业出版社图书有缺损问题，请向购买书店调换。若书店售缺，请与本社发行部联系，联系及邮购电话：（010）88254888，88258888。

质量投诉请发邮件至 zlts@phei.com.cn，盗版侵权举报请发邮件至 dbqq@phei.com.cn。
本书咨询联系方式：（010）88254469；zhangdi@phei.com.cn。

上海ABB工程有限公司编委会

主　编：陈　瞭

编　者：甘　甜　扈　昕　施海荣　张德建

前　　言

随着工业 4.0 与制造强国规划的不断推进，各行各业对工业机器人的使用需求越发旺盛。工业机器人的主要使用群体也逐渐从单一的汽车整车厂向 3C、冶金、机加、医疗等行业迅速扩散。工业机器人的应用面越来越广，其应用时结合的工艺也越来越多、越来越复杂，应用深度也越来越深。此时，仅掌握机器人的简单操作就很难应对这些复杂问题了。在面对诸如工业总线配置、机器人与外轴联动配置、机器人 TCP/IP 通信、输送链跟踪等问题时，缺乏实例参考文献成为了现场工程师的最大困扰。

本书就工业机器人（ABB）实际应用中的典型内容做实例讲解，以 ABB 工业机器人 RobotWare6 以上版本举例，包括机器人校准原理、各类工业总线配置、机器人外轴联动配置、输送链跟踪、SafeMove2、常见错误等内容，以期部分解决该类知识缺乏整理的问题。

本书主要内容包括：

（1）常用工业现场总线（包括 PROFINET、DeviceNet、CC-link、PROFIBUS、EtherNet/IP 等）配置技巧。分别以机器人作为主站和从站等不同视角进行深入浅出的实例讲解，以期能为现场工程师和自动化团队在面对客户纷繁需求时（项目 A 和项目 B 要求使用不同总线产品）提供实例支持。

（2）工业机器人校准原理。

（3）工业机器人现场常见外轴配置实例（机器人导轨、变位机、伺服焊枪、双电机主从动运动、独立轴功能等）。

（4）SafeMove2 配置实例。SafeMove2 为工业机器人（ABB）推出的安全虚拟围栏，功能强大。该应用在各大汽车整车厂、3C 行业已经作为标配。

（5）机器人输送链跟踪配置与编程。

（6）World Zones 安全区域设置。

（7）新建机器人系统。

（8）工业机器人（ABB）常见错误合集。通过实际错误现象和报警提示，给出处理错误方法。

全书由上海 ABB 工程有限公司编著。特别感谢 ABB 中国机器人培训经理王国生先生对于本书的大力支持。肖辉、肖步崧、吴建飞、盛梦超等为本书的撰写提供了许多宝贵意见，在此表示感谢。尽管编著者主观上想努力使读者满意，但在书中肯定还会有不尽人意之处，欢迎读者提出宝贵的意见和建议。

编著者

目 录

第1章 安全及安全停止 ·· 1
1.1 紧急停止和保护停止 ·· 5
1.2 IRC5 标准控制柜的安全停止 ·· 6
1.2.1 外部紧急停止 ·· 7
1.2.2 外部自动停止 ·· 9
1.2.3 外部常规停止 ·· 10
1.3 IRC5 紧凑控制柜的安全停止 ·· 12
1.3.1 外部紧急停止 ·· 12
1.3.2 外部自动停止 ·· 14
1.3.3 外部常规停止 ·· 15

第2章 校准 ·· 17
2.1 校准原理 ·· 17
2.1.1 如何获取机器人电机位置 ·· 17
2.1.2 如何获取机器人轴位置 ·· 20
2.2 校准方法 ·· 23
2.2.1 更新转数计数器 ·· 23
2.2.2 校准参数 ·· 26
2.2.3 Axis 校准 ··· 27
2.2.4 YUMI 校准 ·· 32
2.3 机器人倒挂/壁装设置 ·· 36
2.3.1 Base 设置 ··· 37
2.3.2 重力参数设置 ·· 39

第3章 通信配置 ·· 42
3.1 DeviceNet ·· 42
3.1.1 DeviceNet 概述 ·· 42
3.1.2 DeviceNet 选项 ·· 42
3.1.3 DSQC 652 板卡 ··· 44
3.1.4 添加与配置信号(传统步骤) ·· 45
3.1.5 使用组输出发送 ASCII 码 ··· 53
3.1.6 快速配置 D652 单个信号及组信号 ····································· 53
3.1.7 通过 RobotStudio 批量添加信号 ··· 56
3.1.8 Cross Connection ·· 57
3.1.9 Cross Connection 查看器 ··· 60
3.1.10 示教器可编程按钮 ··· 62

	3.1.11	设置信号访问等级	63
	3.1.12	设置信号安全等级	65
	3.1.13	配置 DSQC 651 模拟量	67
	3.1.14	机器人作为 Slave 与 PLC 通信配置	70
	3.1.15	机器人作为 Master，添加通用 DeviceNet 从站	76
	3.1.16	两台机器人通过 DeviceNet 连接	78
3.2	虚拟信号		82
	3.2.1	创建虚拟信号	82
	3.2.2	创建虚拟单元	83
3.3	PROFINET		85
	3.3.1	PROFINET 概述	85
	3.3.2	PROFINET 选项	86
	3.3.3	机器人作为从站与 PLC 通信配置	87
	3.3.4	设置 PROFINET 网络其他设备 IP	98
	3.3.5	机器人作为 Controller，添加从站模块	100
3.4	EtherNet/IP		110
	3.4.1	EtherNet/IP 概述	110
	3.4.2	EtherNet/IP 选项	111
	3.4.3	新 I/O DSQC 1030 模块配置	111
	3.4.4	DSQC 1032（模拟量）配置	114
	3.4.5	机器人作为从站与 PLC 通信配置	115
	3.4.6	机器人作为主站，添加通用 EtherNet/IP 从站	121
	3.4.7	两台机器人通过 EtherNet/IP 连接	124
3.5	PROFIBUS		125
	3.5.1	PROFIBUS 概述	125
	3.5.2	PROFIBUS 选项	125
	3.5.3	机器人作为从站 Device 与 PLC 通信配置	127
3.6	CC-Link		128
	3.6.1	CC-Link 概述	128
	3.6.2	DSQC 378B 模块介绍与配置	129
3.7	系统输入		133
3.8	系统输出		135
3.9	EIO 文件升级及备份文件升级		136
3.10	串口通信		137
	3.10.1	硬件	137
	3.10.2	串口相关配置与编程	138
3.11	Socket 通信		139
	3.11.1	Socket 通信简介	139
	3.11.2	网络设置	139

　　　　3.11.3　创建 Socket 通信 143
　　　　3.11.4　字符串的解析 147
　　　　3.11.5　发送长字符串 148

第 4 章　系统服务程序 150
4.1　关闭 SMB 电池 151
4.2　LoadIdentify 152

第 5 章　外轴配置 156
5.1　伺服焊枪配置 156
5.2　单轴变位机 172
　　　5.2.1　添加单轴变位机 172
　　　5.2.2　变位机的校准（四点法） 174
　　　5.2.3　外轴的启用与停止 178
5.3　使用轴选择器 179
5.4　添加导轨 Track 184
　　　5.4.1　配置导轨 Track 184
　　　5.4.2　修改轴上下软限位 188
　　　5.4.3　修改校准位置 188
　　　5.4.4　移动外轴保持 TCP 不变 190
5.5　双电机主从动运动配置 191
5.6　使用 External Axis Wizard 制作自定义三轴变位机 194
5.7　独立轴功能 203

第 6 章　输送链跟踪 205
6.1　输送链跟踪原理 205
6.2　输送链跟踪选项与硬件 206
　　　6.2.1　采用 DSQC 377B 硬件 206
　　　6.2.2　采用 DSQC 2000 硬件 208
6.3　基本参数设定 210
　　　6.3.1　CountsPerMeter 设定（DSQC 377B） 210
　　　6.3.2　其他参数 211
　　　6.3.3　输送链坐标系校准 212
6.4　输送链相关指令 215
6.5　在 RobotStudio 中创建输送链仿真 216

第 7 章　World Zones 配置 222
7.1　基于区域的 World Zones 设置 222
　　　7.1.1　Box 223
　　　7.1.2　Cylinder 225
　　　7.1.3　Sphere 225
　　　7.1.4　Event Routine 226
7.2　基于轴范围的 World Zones 设置 227

	7.2.1 Home 输出	227
	7.2.2 各轴限制范围输出	228

第 8 章 碰撞预测 …………………………………………………………… 229
8.1 碰撞预测与配置 ……………………………………………………… 229
8.2 碰撞预测的启用与关闭 ……………………………………………… 231

第 9 章 SafeMove2 配置 …………………………………………………… 234
9.1 配置 SafeMove2 前的准备工作 ……………………………………… 235
9.2 开始配置 SafeMove2 ………………………………………………… 237
9.2.1 登录与新建 …………………………………………………… 237
9.2.2 配置通信信号 ………………………………………………… 239
9.2.3 配置安全功能 ………………………………………………… 240
9.2.4 验证 SafeMove2 配置 ………………………………………… 249
9.2.5 安全控制器的操作模式 ……………………………………… 255

第 10 章 RobotWare6 新建系统 …………………………………………… 257
第 11 章 常见故障分析 …………………………………………………… 262
11.1 示教器连接不上控制系统 ………………………………………… 262
11.2 转数计数器未更新 ………………………………………………… 263
11.3 SMB 内存差异 ……………………………………………………… 265
11.4 与 SMB 的通信中断 ……………………………………………… 267
11.5 电机电流错误 ……………………………………………………… 268
11.6 电机开启接触器启动故障 ………………………………………… 269
11.7 动作监控关节碰撞 ………………………………………………… 271
11.8 分解器错误 ………………………………………………………… 274
11.9 强制进入引导界面 ………………………………………………… 275
11.10 转角路径故障 ……………………………………………………… 275
11.10.1 故障处理 …………………………………………………… 275
11.10.2 fine 与 z0 区别 …………………………………………… 277
11.11 限位开关打开 ……………………………………………………… 278
11.11.1 标准柜 ……………………………………………………… 279
11.11.2 紧凑柜 ……………………………………………………… 280
11.12 高级重启功能介绍 ………………………………………………… 281

第1章 安全及安全停止

工业机器人作为整个自动化设备的一部分（可以理解为一个执行机构），通常需要和其他设备一起工作。调试与生产过程中，安全是最基本的，也是所有人最关注的。机器人发生故障是否能够快速停止运动，其他设备发生故障能否让机器人快速停止运动，人员误闯生产单元能否让机器人快速停车以保证人员设备安全等，都是自动化设备首先要考虑的。为快速、便捷响应外部设备对机器人的不同类别停车需求，ABB 工业机器人预留了不同接口，方便自动化电气设计人员在设计及现场实施使用。

1. 主要规范与标准

为正确使用工业机器人和防止人员受伤害，必须遵守下列规范与标准中说明的特别规定：

- 机械指令 2006/42/EC
- EN ISO 10218-1:2011
- EN ISO 13849-1:2008 （当 EN ISO 10218-1:2011 明确提出作为 ISO13849-1:2006 时）
- EN ISO 13849-1:2015

除这些涉及一般机械安全的标准外，还必须满足一些规范性的专业标准，见 ENISO 10218-1 章节规范性参考文件。

2. 性能水平和类别

EN ISO 13849-1 是一种 B 标准，描述了性能水平（Performance Level，PL）和类别的一般概念。每台机器或机械都有潜在危险，可能造成人身伤害。基于伤害的严重程度和事故的概率，使用机器时可以定义一定水平的安全性能，即所谓的所需性能水平（Performance Level request，PLr），其中水平 a 表示最低风险，水平 e 表示最高风险。据此，机器必须配备安全相关零件，达到所需性能水平，降低接受低水平的风险。正如 EN ISO 10218-1 的规定，通常 PL d 是机器人所需的，但是根据应用，如果风险分析结果为 PL e，则可能提出更高的要求。

为了符合特定 PLr，在 d 情况下，机器人和控制器的安全相关零件必须根据特定的结构类别并使用可靠的部件进行结构设计。

EN ISO 13849-1 中详细规定了符合 PL d 必须满足的类别和部件数据，包括：

- Category 3，通常采用双通道来实现
- MTTFD（Mean Time To Dangerous Failure），平均危险失效时间-高
- DC（Diagnostic Coverage），诊断覆盖率-低或中
- CCF（Common Cause Failures），共因失效-根据 ISO 13849-1 中的附录 F，优于 65 分

3. ABB IRC5 控制器的性能水平

为了验证机器人和控制器至少符合 PL d，ABB 工业机器人已经执行了自我评估并记录在技术报告中，下面列出了必要的结论。

机器人和控制器的相关安全零件包括以下停止电路：
- 使动装置（Enable Device，俗称三位开关）
- 操作员面板上的紧急停止开关
- FlexPendant（示教器）上的紧急停止开关
- 机器人限位开关
- 保护停止
- SafeMove2（选配）

对于整体设计与结构，Category 3 已通过验证符合 CCF 的要求。

每个停止电路包括不同的部件，如启动开关、面板、接触器板、继电器等。对于任何一个部件，根据 EN ISO 13849-1 中的附录 C、D 和 E 计算 MTTFD 与 DC，得到表 1-1～表 1-4 中规定的值。

表 1-1 IRC5 标准控制柜的安全数据

安全功能	MTTFD/年	DC（平均）
紧急停止的输入	112	中
自动停止的输入	120	中
一般停止的输入	120	中
优级停止的输入	120	中
限位开关的输入	176	中
三位使能装置的输入	75	中
紧急停止状态的输出	263	中
以下为 SafeMove2 功能的选项		
0 类保护性停止	93	中
1 类保护性停止	370	低
0 类紧急停止	93	中
1 类紧急停止	370	低
紧急停止安全现场总线的输出	370	低
0 类速度监控	93	中
1 类速度监控	370	低
速度监控安全现场总线的输出	370	低
0 类位置监控	93	中
1 类位置监控	370	低
位置监控安全现场总线的输出	370	低

表 1-2　IRC5 标准控制柜的 PFHD 和 PL

停止电路	PFHD	PL
紧急停止的输入	4.29x10E-08	e
自动停止的输入	4.29x10E-08	e
一般停止的输入	4.29x10E-08	e
优级停止的输入	4.29x10E-08	e
限位开关的输入	4.29x10E-08	e
三位使能装置的输入	6.62x10E-08	e
紧急停止状态的输出	4.29x10E-08	e
以下为 SafeMove2 功能的选项		
0 类保护性停止	4.94x10E-08	e
1 类保护性停止	1.01x10E-07	d
0 类紧急停止	4.94x10E-08	e
1 类紧急停止	1.01x10E-07	d
紧急停止安全现场总线的输出	1.01x10E-07	d
0 类速度监控	4.94x10E-08	e
1 类速度监控	1.01x10E-07	d
速度监控安全现场总线的输出	1.01x10E-07	d
0 类位置监控	4.94x10E-08	e
1 类位置监控	1.01x10E-07	d
位置监控安全现场总线的输出	1.01x10E-07	d

表 1-3　IRC5 紧凑控制柜的安全数据

安全功能	MTTFD/年	DC（平均）
紧急停止的输入	56	中
自动停止的输入	59	中
一般停止的输入	59	中
优级停止的输入	59	中
限位开关的输入	176	中
三位使能装置的输入	46	中
紧急停止状态的输出	263	中
以下为 SafeMove2 功能的选项		
0 类保护性停止	52	中
1 类保护性停止	370	低
0 类紧急停止	52	中
1 类紧急停止	370	低
紧急停止安全现场总线的输出	160	低
0 类速度监控	52	中
1 类速度监控	370	低
速度监控安全现场总线的输出	370	低
0 类位置监控	52	中
1 类位置监控	370	低
位置监控安全现场总线的输出	370	低

表 1-4　IRC5 紧凑控制柜的 PFHD 及 PL

停止电路	PFHD	PL
紧急停止的输入	1.19x10E-07	d
自动停止的输入	1.03x10E-07	d
一般停止的输入	1.03x10E-07	d
优级停止的输入	1.03x10E-07	d
限位开关的输入	4.29x10E-08	e
三位使能装置的输入	1.54x10E-07	d
紧急停止状态的输出	4.29x10E-08	e
以下为 SafeMove2 功能的选项		
0 类保护性停止	1.19x10E-07	d
1 类保护性停止	1.01x10E-07	d
0 类紧急停止	1.19x10E-07	d
1 类紧急停止	1.01x10E-07	d
紧急停止安全现场总线的输出	1.01x10E-07	d
0 类速度监控	1.19x10E-07	d
1 类速度监控	1.01x10E-07	d
速度监控安全现场总线的输出	1.01x10E-07	d
0 类位置监控	1.19x10E-07	d
1 类位置监控	1.01x10E-07	d
位置监控安全现场总线的输出	1.01x10E-07	d

若想了解相关安全功能的细节,则请参见 ABB 工业机器人相关 SISTEMA/ABB FSDT 文库。

常用的 ABB 工业机器人控制柜有两种,包括 IRC5 标准控制柜和 IRC5C 紧凑控制柜（IRC5 compact）,如图 1-1 所示。

（a）IRC5 标准控制柜　　　　　　　　（b）IRC5 紧凑控制柜

图 1-1　ABB 工业机器人控制柜

其中，IRC5 标准控制柜输入为 400V 等级三相电（中国市场，其他国家根据当地电压等级要求提供不同输入/输出等级的变压器），能适应所有 ABB 工业机器人（柜内根据机型的不同驱动也有所不同）。

IRC5 紧凑控制柜输入为 220V 等级单相电（中国市场，其他国家根据当地电压等级要求提供不同输入/输出等级的变压器），仅适用 ABB 工业机器人型号小于或等于 IRB1600 的机器人（如诸行的 IRB120 和 IRB1410 等机型）。

基于表 1-1 MTTFD 的数值，可以使用 EN ISO 13849-1:2008 中的附录 K 和表 K1 计算相应的 PFHD，如表 1-2 所示。

基于表 1-3 MTTFD 的数值，可以使用 EN ISO 13849-1:2008 中的附录 K 和表 K1 计算相应的 PFHD，如表 1-4 所示。

IRC5 控制器安全系统符合 EN ISO 13849-1 的安全类别 3，性能水平为 PL d，使用 EN ISO 13849-1 标准中所述的简化方法，从而满足机器人安全标准 EN ISO 10218-1 的安全性能要求，根据标准要求满足共因失效（CCF）。

1.1 紧急停止和保护停止

有关紧急停止和保护停止的定义，参见标准 IEC 60204-1:2005 和 EN ISO 10218-1:2011。停止可分为两类，即 0 类或 1 类，如表 1-5 所示。

表 1-5　0 类停止与 1 类停止

0 类停止	如 IEC 60204 所述，0 类停止是指通过马上切断机器执行机构电源的停止，即不受控停止。在 IRC5 中，马上切断驱动装置电源即可
1 类停止	如 IEC 60204 所述，1 类停止是指在机器执行机构通电情况下停止然后再断电的受控停止。在 IRC5 中，在使用伺服器使机器停止 1 秒左右后切断驱动装置电源即可

启动保护停止（见表 1-6）或紧急停止（ES）（见表 1-7）的安全输入有多种，所有这些安全输入均属 Category 3 结构。

表 1-6　保护停止

保护停止（默认设置为 1 类停止）	
触发时机	安全输入
仅在机器人处于自动模式	自动停止（Auto Stop，AS）
机器人处于自动或手动模式	常规停止（General Stop，GS）和上级停止（Superior Stop，SS。通常留给上级 PLC）

表 1-7　紧急停止

紧急停止（默认设置为 0 类停止）	
触发时机	安全输入
机器人处于自动或手动模式	紧急停止（Emergency Stop，ES）

通过控制器上的专用安全输入自动停止（AS）、常规停止（GS）和上级停止（SS），启动保护停止，以保障安全，如将保护输入连接到存在传感装置的安全输入。

不得用紧急停止功能代替安全措施或其他安全功能。但应将紧急停止功能设计为补充防护措施（参见 ISO 13850）。紧急停止不得用于保护停止或程序停止，否则可能会给机器人带来额外的不必要磨损。

1.2 IRC5 标准控制柜的安全停止

IRC5 标准控制柜内的右侧（见图 1-2）有专用安全板（Panel Board）A21，其完整布局和实体如图 1-3 和图 1-4 所示，型号为 DSQC 643，备件料号为 3HAC024488-001。

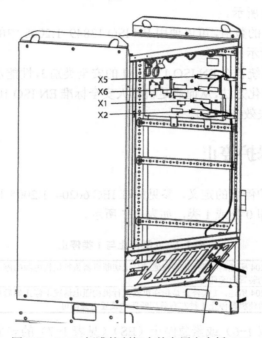

图 1-2 IRC5 标准控制柜内的专用安全板 A21

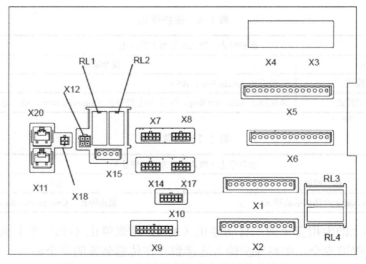

图 1-3 IRC5 标准控制柜内安全板的完整布局

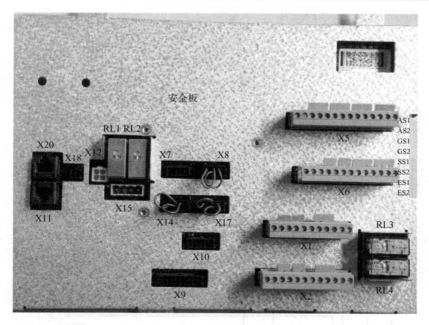

图 1-4 IRC5 标准控制柜的安全板实体

图 1-3 的右侧有明显的指示文字和指示灯，对应 GS（常规停止）、AS（自动停止）、ES（紧急停止）、SS（上级停止）等状态。若指示灯灭，即该回路有断路，需要查找原因。

1.2.1 外部紧急停止

图 1-5 为 IRC5 标准控制柜内安全板中涉及外部紧急停止的回路示意图。安全板预留给外部紧急停止的接线端为 X1 和 X2（紧急停止为双回路，X1 对应 ES1，X2 对应 ES2）。

机器人出厂时，为满足图 1-6 的回路要求，X1 部分的 3、4、5 引脚短接，7、8 引脚短接，9、10 引脚短接（X2 回路相同）。此时紧急停止回路为通路，状态灯 ES1 和 ES2 均亮。

若外部紧急停止按钮为无源，则可移除 X1 端中的 9 和 10 引脚短接片（其余短接片保留），接入紧急停止按钮的回路 1，移除 X2 端中的 9 和 10 引脚短接片（其余短接片保留），接入紧急停止按钮的回路 2。

若外部紧急停止按钮为有源，则在图 1-6 紧急停止按钮接线的基础上，还需要考虑外部电源的接入。根据图 1-3，可以断开原本 X1 端中的 3 和 4 引脚短接片（引脚 4 为安全板自带的 24V），把外部电源的 24V 接入 X1 端中的 3 引脚。同理，断开的 X1 端的 7 和 8 引脚短接片（引脚 8 为安全板自带的 0V），把外部电源 0V 接入 X1 端中的 7 引脚。**切记，保持 X1 的引脚 4 和引脚 5 通路（此为内部运行链信号，不要断开）。针对 X2 端，同理。**

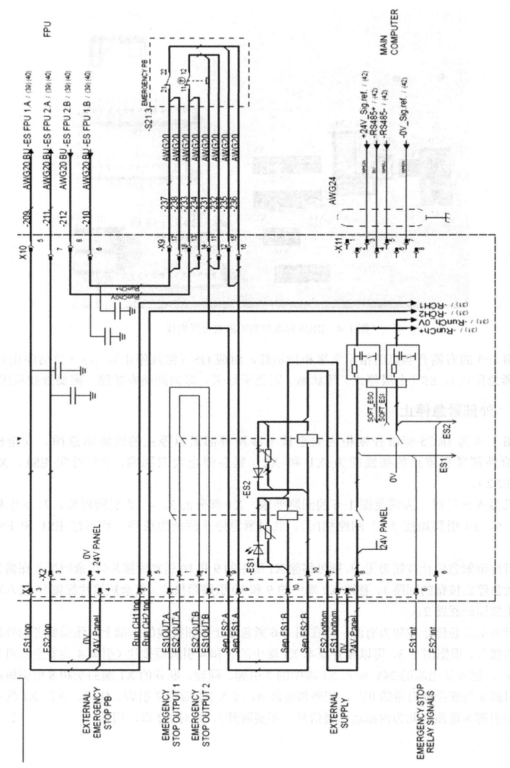

图 1-5 IRC5 标准控制柜内安全板中涉及外部紧急停止的回路示意图

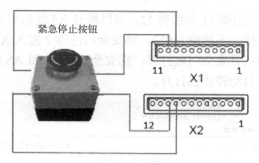

图 1-6　无源紧急停止按钮接线示意图

1.2.2　外部自动停止

1.1 节中曾描述，紧急停止为 0 类停止。0 类停止是指通过马上切断机器执行机构电源的停止，即不受控停止。在 IRC5 中，马上切断驱动装置电源即可。紧急停止主要用于紧急情况下的非常规停机。

针对安全门等应用，通常只需要在自动生产时，若安全门被打开，触发机器人的可控快速停止即可，而无须采用紧急停止停机方式。

若仅需要机器人处于自动模式时可通过打开外部安全门停止机器人（机器人处于手动模式时可以打开安全门调试），可以接入安全板的 AS（Auto Stop）信号。如表 1-6 所述，机器人处于自动模式时，该信号断开才会停止机器人，手动模式不触发机器人的停止。

根据图 1-7 所示的 Auto Stop 部分，Auto Stop 接线端位于安全板的 X5 端。由图 1-7 可知，机器人出厂默认配置 1、2、3 引脚短接，4、5、6 引脚短接，7、8、9 引脚短接，10、11、12 引脚短接，保证回路通路。

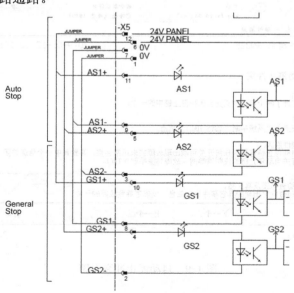

图 1-7　IRC5 标准控制柜常规停止与自动停止的接线示意图

若现场使用安全门（双回路）在机器人处于自动状态时开门触发停止，则可以断开安全板 X5 端的引脚 11 和引脚 12 的短接片（保证引脚 10 和引脚 12 依旧连接，不影响 GS1），将安全门回路 1 接入 X5 端的引脚 11 和引脚 12。可以断开 X5 端的引脚 5 和引脚 6 短接片（保证引脚 4 和引脚 6 依旧连接，不影响 GS2），将安全门回路 2 接入 X5 端的引脚 5 和引脚 6。此时若机器人处于自动模式且安全门被打开，则安全板 AS1 和 AS2 指示灯熄灭，示教器会有如图 1-8 所示的提示，自动停止已打开。

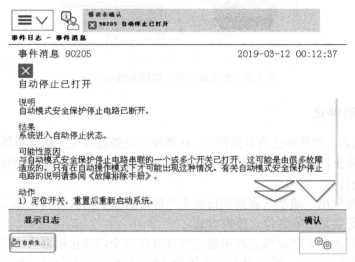

图 1-8　自动停止打开报警

注意：AS1 和 AS2 双回路均要接入，并保证同时接通或同时断开，否则会出现如图 1-9 所示的错误。

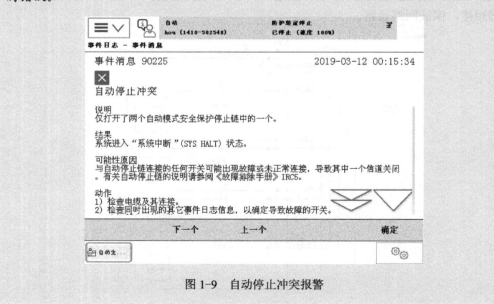

图 1-9　自动停止冲突报警

1.2.3　外部常规停止

根据图 1-10 所示的 General Stop 部分，General Stop 接线端处于安全板的 X5 端。由

图 1-10 可知，机器人出厂默认配置 1、2、3 引脚短接，4、5、6 引脚短接，7、8、9 引脚短接，10、11、12 引脚短接，保证回路通路。

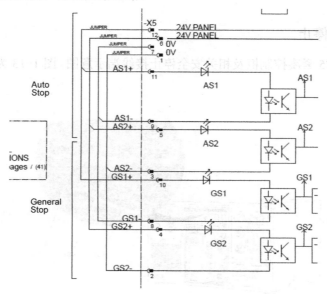

图 1-10　标准控制柜常规停止与自动停止的接线示意图

若现场使用安全门（双回路）在机器人处于手动或者自动状态时开门触发停止，则可以断开 X5 端的引脚 10 和引脚 12 的短接片（保证引脚 11 和引脚 12 依旧连接，不影响 AS1），将安全门回路 1 接入 X5 端的引脚 10 和引脚 12。可以断开引脚 4 和引脚 6 的短接片（保证引脚 5 和引脚 6 依旧连接，不影响 GS2），将安全门回路 2 接入 X5 端的引脚 4 和引脚 6。此时若安全门被打开，GS1 和 GS2 回路指示灯熄灭，示教器会有如图 1-11 所示的提示。

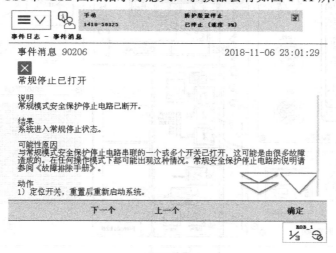

图 1-11　常规停止打开报警

注意：GS1 和 GS2 双回路均要接入，并保证同时接通或同时断开，否则会出现"常规停止冲突"错误提示。

1.3 IRC5 紧凑控制柜的安全停止

1.3.1 外部紧急停止

图 1-12 为 IRC5 紧凑控制柜及相关安全停止接线端示意图。图 1-13 为 IRC5 紧凑控制柜的正面示意图。

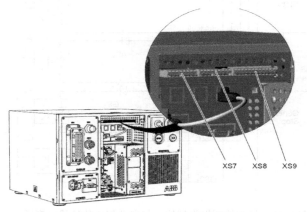

图 1-12 IRC5 紧凑控制柜的安全停止接线端示意图

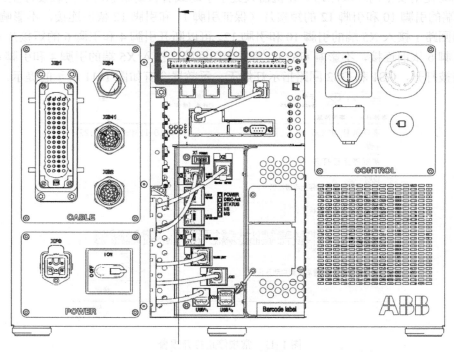

图 1-13 IRC5 紧凑控制柜的正面示意图（标注部分为紧急停止接线端）

图 1-14 为 IRC5 紧凑控制柜内安全板中涉及外部紧急停止的回路示意图。安全板预留给外部紧急停止的接线端为 XS7 和 XS8（紧急停止为双回路，XS7 对应信号 ES1，XS8 对应信号 ES2）。

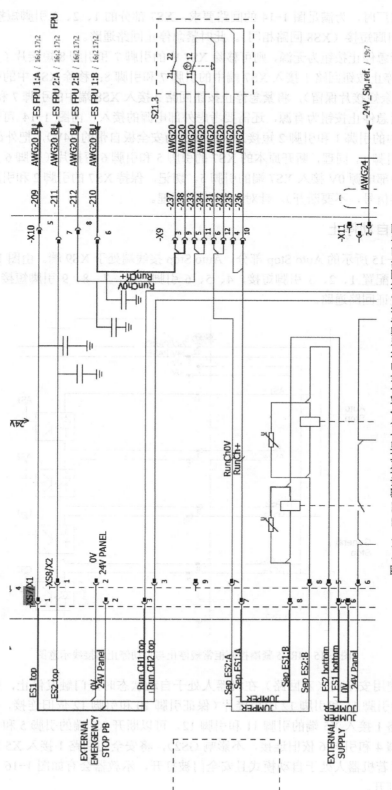

图 1-14　IRC5 紧凑控制柜内安全板中涉及外部紧急停止的回路示意图

机器人出厂时，为满足图 1-14 的回路要求，XS7 部分的 1、2、3 引脚短接，7、8 引脚短接，5、6 引脚短接（XS8 回路相同）。此时紧急停止回路通路。

若外部紧急停止按钮为无源，则可移除 XS7 中的引脚 7 和引脚 8 短接片（其余短接片保留），将紧急停止按钮回路 1 接入 XS7 端中的引脚 7 和引脚 8；移除 XS8 中的引脚 7 和引脚 8 短接片（其余短接片保留），将紧急停止按钮回路 2 接入 XS8 端中的引脚 7 和引脚 8。

若外部紧急停止按钮为有源，还需要考虑外部电源的接入。由图 1-14 可知，可以断开原本 XS7 端中的引脚 1 和引脚 2 短接片（引脚 2 为安全板自带的 24V），把外部电源 24V 接入 XS7 端的引脚 1。同理，断开原本的 XS7 的引脚 5 和引脚 6 短接片（引脚 6 为安全板自带的 0V），把外部电源 0V 接入 XS7 端的引脚 5。**切记**，保持 XS7 的引脚 2 和引脚 3 通路（此为内部运行链信号，不要断开）。针对 XS8 端，同理。

1.3.2 外部自动停止

根据图 1-15 所示的 Auto Stop 部分，Auto Stop 接线端处于 XS9 端。由图 1-15 可知，机器人出厂默认配置 1、2、3 引脚短接，4、5、6 引脚短接，7、8、9 引脚短接，10、11、12 引脚短接，保证回路通路。

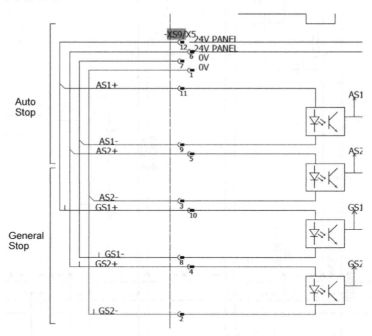

图 1-15　IRC5 紧凑控制柜常规停止与自动停止的接线示意图

若现场使用安全门（双回路）在机器人处于自动状态时开门触发停止，则可以断开安全板 X5 端的引脚 11 和引脚 12 的短接片（保证引脚 10 和引脚 12 依旧连接，不影响 GS1），将安全门回路 1 接入 X5 端的引脚 11 和引脚 12。可以断开 X9 端的引脚 5 和引脚 6 的短接片（保证引脚 4 和引脚 6 依旧连接，不影响 GS2），将安全门回路 1 接入 X5 端的引脚 5 和引脚 6。此时若机器人处于自动模式且安全门被打开，示教器会有如图 1-16 所示的提示，即自动停止打开。

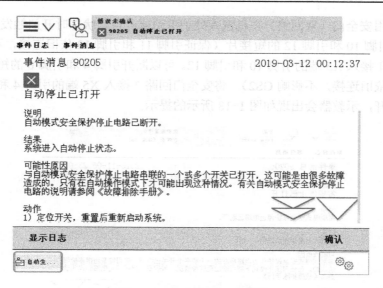

图 1-16　自动停止打开报警

注意：AS1 和 AS2 双回路均要接入，并保证同时接通或同时断开，否则会出现"自动停止冲突"或"两个通道故障"等错误提示。

1.3.3　外部常规停止

根据图 1-17 所示的 General Stop 部分，General Stop 接线端处于安全板的 XS9 端。根据图 1-17 所示，机器人出厂默认配置 1、2、3 引脚短接，4、5、6 引脚短接，7、8、9 引脚短接，10、11、12 引脚短接，保证回路通路。

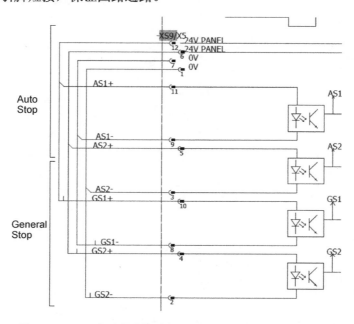

图 1-17　IRC5 紧凑控制柜常规停止与自动停止的接线示意图

若现场使用安全门（双回路）在机器人处于手动或者自动状态时开门触发停止，则可以断开 X5 端的引脚 10 和引脚 12 的短接片（保证引脚 11 和引脚 12 依旧连接，不影响 AS1），将安全门回路 1 接入 X5 端的引脚 10 和引脚 12。可以断开引脚 4 和引脚 6 的短接片（保证引脚 5 和引脚 6 依旧连接，不影响 GS2），将安全门回路 2 接入 X5 端的引脚 4 和引脚 6。此时若安全门被打开，示教器会出现如图 1-18 所示的提示。

图 1-18　常规停止打开报警

注意：GS1 和 GS2 双回路均要接入，并保证同时接通或同时断开，否则会出现"常规停止冲突"或者"两个通道故障"等错误提示。

第 2 章 校 准

2.1 校准原理

2.1.1 如何获取机器人电机位置

机器人的运动是由电机带动齿轮箱进行运动的。电机的位置信息则由安装在电机尾端的编码器反馈给控制柜。

常见的工业机器人绝对值编码器有 Encoder 和 Resolver 两种类型。

Encoder 的输出为数字量，不易受干扰，日系机器人（如 Fanuc 和 Yaskawa 等）使用较多；Resolver（旋变）的输出为模拟量，欧系机器人（如 ABB 和 KUKA 等）使用较多。

模拟量信号易受干扰，故 ABB 工业机器人电机的编码器反馈线缆并没有直接连接到控制柜，而是先连接到了机器人底部的 SMB（Serial Measurement Board，串口测量板），如图 2-1 所示。故 SMB 的作用之一就是模数转化——将 Resolver 传过来的模拟量信号转化为数字信号。

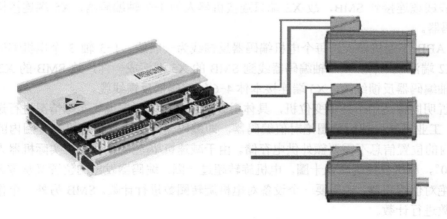

图 2-1 电机与 SMB 连接示意图

SMB 如图 2-2 所示，其中，X3 为电池接口，X1 为 SMB 到机器人的本体尾端接口（SMB 输出接口），X4 为 7 轴电机编码器接口，X2 和 X5 为本体电机编码器接口。

图 2-2 SMB

某些 ABB 工业机器人的 SMB 的 X2 端接入机器人 1-2 轴电机编码器线，X5 端接入 3-6 轴电机编码器线，而另一些 ABB 工业机器人的 X2 端连接的是 1-3 轴电机编码器线，X5 端连接 4-6 轴电机编码器线。实际上所有 ABB 工业机器人的 SMB 均通用。

SMB 接线端与引脚的具体解释如图 2-3 所示。其中，X2 端（R1.SMB 1-4）中的引脚 8、9、10、20、21、22 与 X5 端（R1.SMB 3-6）中的引脚 8、9、10、20、21、22 相通，X2 端（R1.SMB 1-4）中的引脚 11、12、13、23、24、25 与 X5 端（R1.SMB 3-6）中的引脚 11、12、13、23、24、25 相通，即 X2 端中的 3-4 轴部分与 X5 端中的 3-4 轴部分相通。

小型 ABB 工业机器人通常 1-2 轴电机编码器线使用一股线缆到 SMB，3-6 轴编码器线使用另一股线缆连接到 SMB，故 X2 端只连接机器人的 1-2 轴编码器，X5 端连接机器人的 3-6 轴编码器。

大型 ABB 工业机器人，每个电机编码器反馈线为一股线，1-3 轴 3 个电机编码器线到 SMB 的 X2 端汇成一体，4-6 轴编码器线到 SMB 的 X5 端汇成一体，故 SMB 的 X2 端连接本体 1-3 轴编码器反馈线缆，X5 端连接本体 4-6 轴编码器反馈线缆。

以上说明同样适用于外轴变位机，具体引脚的选择可以根据现场实际情况进行选择。

ABB 工业机器人使用单圈绝对值编码器，即编码器能实时反馈电机在一圈内的位置信息，单圈内的位置信息不需要额外供电存储。由于减速机/齿轮箱的存在，实际机器人的某个轴旋转 180°，电机已经旋转几十圈。电机旋转超过一圈，编码器发出的位置又从零开始，故对于单圈绝对值编码器，还需要一个设备对电机旋转圈数进行计数。SMB 另外一个作用就是对电机圈数进行计数。

电机圈数在 SMB 中的存储需要电源。在机器人控制柜开启时，由控制柜给 SMB 供电进行圈数存储。在控制柜关闭的时候，则由 SMB 上的电池进行供电。若机器人出现 SMB 电池电量低报警，较好的方法是在机器人开机时更换 SMB 电池，避免旋转圈数计数丢失。

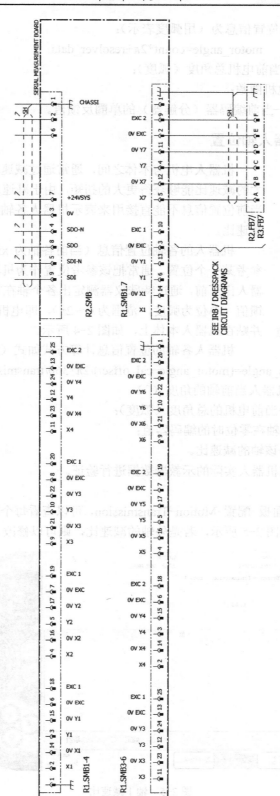

图 2-3 SMB 接线端与引脚的具体解释

综上，当前电机的位置信息为（用弧度表示）：

$$motor\_angle = count * 2\pi + resolver\_data; \quad (2-1)$$

式中：motor_angle——当前电机总角度（弧度）；
　　　count——当前电机圈数；
　　　resolver_data——当前编码器（分解器）的单圈反馈值。

2.1.2 如何获取机器人轴位置

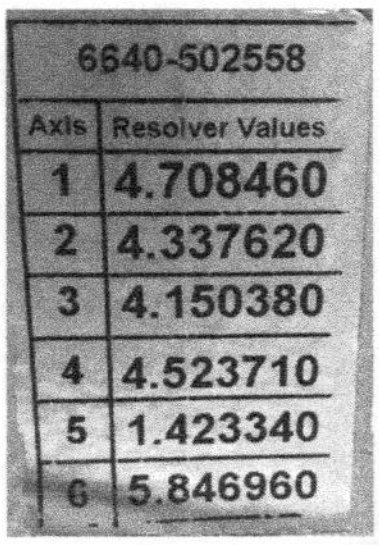

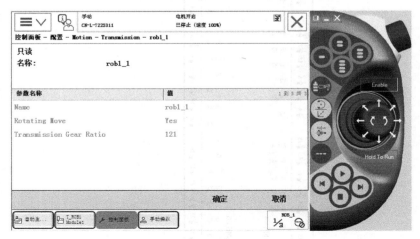

图 2-4　各轴的电机偏移值

机器人电机与本体之间，通常通过减速机（齿轮组）连接。较大的减速比能够获得更大的扭矩。由于减速比的存在，电机反馈的当前位置信息不能直接用来表示机器人各轴的位置信息，需要除以减速比。

机器人的各轴位置信息（当前各轴为 xx 度）都是相对的，即参考某一个位置。通常把该参考位置作为机器人各轴的零位。在机器人出厂前，通过特殊仪器测定出各个轴在零位时对应的编码器反馈值（单位为弧度，范围为 $0 \sim 2\pi$），即电机在编码器一圈内的值，并贴在机器人本体上，如图 2-4 所示。

机器人各轴的位置信息计算方式如式（2-2）所示。

$$axis\_angle = (motor\_angle - cal\_offset)/2\pi * 360/transmission \quad (2-2)$$

式中：axis_angle——机器人当前轴的角度（°）；
　　　motor_angle——当前电机的总角度（弧度）；
　　　cal_offset——该轴在零位时的编码器值；
　　　transmission——该轴的减速比。

以上公式也可通过机器人实际的示教器数据进行验证。

1）transmission

进入示教器-控制面板-配置-Motion-Transmission，可以查看每个轴的减速比。机器人本体减速比不能修改，如图 2-5 所示，若是外轴的减速比，则可以修改。

图 2-5　轴 1 减速比

2）cal_offset

（1）进入示教器-控制面板-配置-Motion-Motor Calibration，可以查看每个轴的 cal_offset（如果是仿真机器人，数据为 0），如图 2-6 所示。

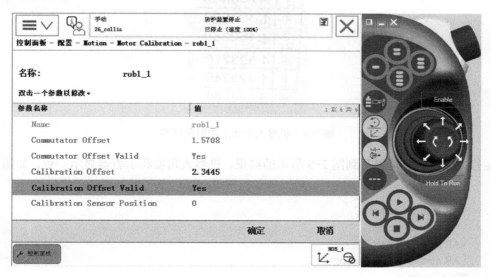

图 2-6　轴 1 电机偏移值

（2）也可进入示教器-控制面板-校准-校准参数-编辑电机校准偏移，查看每个轴的 cal_offset（如果是仿真机器人，数据为 0），如图 2-7 所示。

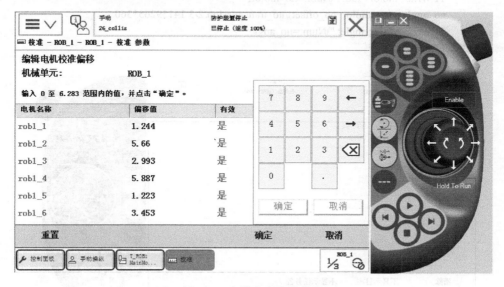

图 2-7　各轴点击校准偏移

（3）cal_offset 也可查看机器人本体上的银色标签，如图 2-8 所示。
根据式（2-2），编写如下计算当前机器人 1 轴位置的公式（角度）：

$$no\_angle := (no\_motor - no\_offset)/no\_transmission/2/3.14159265*360 \qquad (2-3)$$

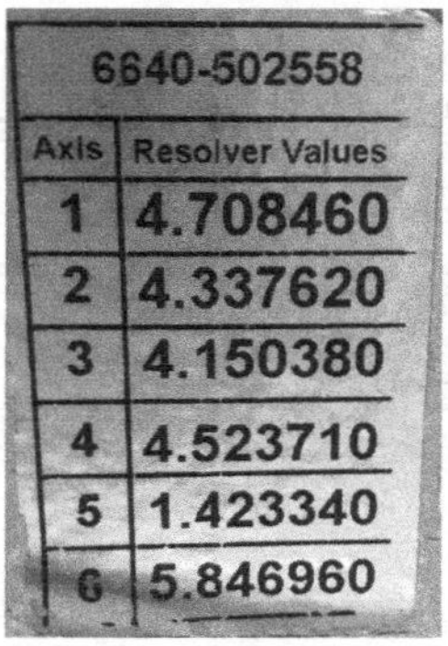

图 2-8 机器人本体上的银色标签

运行如下代码,可以得到图 2-9 所示的结果,机器人角度和示教器显示一致,如图 2-10 所示。

```
VAR num no_motor;
VAR num no_angle;
VAR num no_offset;
VAR num no_transmission;
PROC main()
    no_transmission:=121;
    ReadCfgData "/MOC/MOTOR_CALIB/rob1_1","cal_offset",no_offset;
    no_motor:=ReadMotor(1);
    TPWrite "motor1 rad: "\Num:=no_motor;
    no_angle:=(no_motor-no_offset)/no_transmission/2/3.14159265*360;
    TPWrite "Axis1 angle: "\Num:=no_angle;
ENDPROC
```

图 2-9 机器人 1 轴的总角度为 193.64°,实际角度为 90°

第 2 章 校 准

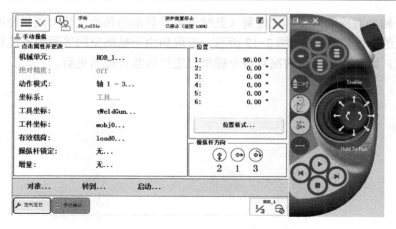

图 2-10　示教器显示 1 轴为 90°

2.2　校准方法

2.1 节简述了 ABB 工业机器人各轴位置信息与编码器（分解器）数据的关系。本节将主要介绍在什么情况下需要做校准操作，以及具体需要做哪种校准操作及其对应的原理。

2.2.1　更新转数计数器

更新转数计数器在机器人本体未发生拆装的情况下使用，即电机未与本体分离等机械装配未发生变化的情况。

ABB 工业机器人的电机位置总信息如 2.1.1 节中的式（2-1）所示。电机旋转圈数在机器人关机时需要通过 SMB 上的电池供电保存。现场 SMB 的电池没电或者其他原因，可能会出现"转数计数器未更新"报警，如图 2-11 所示。

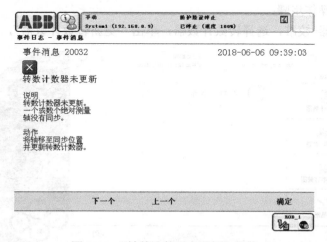

图 2-11　"转数计数器未更新"报警

该报警表示电机圈数丢失（单圈编码器值不需要供电存储，通常不会丢失），此时只需要告知机器人电机"零"圈的大概位置即可，真正的零位参考信息未丢失。

移动各个轴到对应的同步标记位置（此时示教器显示的角度度数可能已经不准确，故不参考示教器上的角度读数），如图 2-12 所示。若现场由于场地空间等原因不能使多个轴同时到达标记位置，则可根据现场情况对各个轴单独进行转数计数器更新。

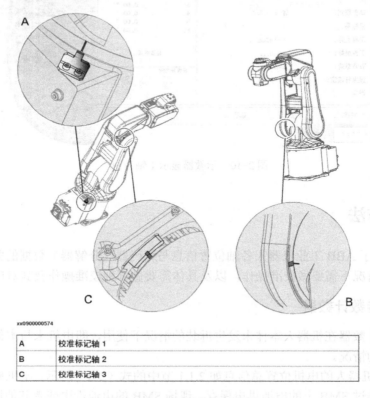

A	校准标记轴 1
B	校准标记轴 2
C	校准标记轴 3

图 2-12 各轴的位置示意图

以下为示教器操作步骤：

（1）进入示教器-校准，选择转数计数器，单击"更新转数计数器"，如图 2-13 所示。

图 2-13 校准界面

(2) 选择提示"转数计数器未更新"的轴,单击"更新"(单击"更新"前务必确认该轴已经处于同步标记位置),如图 2-14 所示。单击"更新"时,机器人不需要"马达上电"。

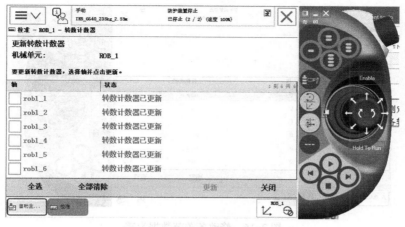

图 2-14 转数计数器更新界面

如 2.1.1 节和 2.1.2 节所述,图 2-14 所示的操作仅告知机器人将当前位置的电机圈数清零,而机器人实际的显示角度 aixs_angle 为

$$motor\_angle=count*2\pi+resolver\_data \tag{2-4}$$

$$axis\_angle=(motor\_angle-cal\_offset)/2\pi*360/transmission \tag{2-5}$$

式(2-4)和式(2-5)中:count——当前的电机圈数;
axis_angle——机器人当前的轴角度(°);
motor_angle——当前的电机总角度(弧度);
cal_offset——该轴在零位时的编码器值;
transmission——该轴的减速比。

此时示教器显示该轴的角度一般不为零。

(3) 完成"更新转数计数器"操作后,建议在示教器的程序编辑器中插入如图 2-15 所示的 MoveAbsJ 语句,运行后检查机器人的零位是否正确。

图 2-15 在示教器的程序编辑器中插入 MoveAbsJ 语句

（4）单击"*"号，单击"调试"-"查看值"。对图 2-15 中"*"位置修改，如图 2-16 所示，即各轴均为零。

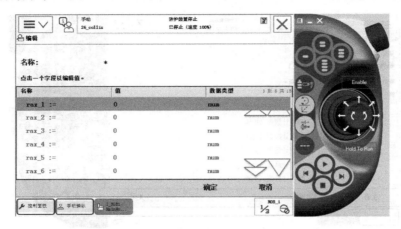

图 2-16　修改各关节数据为零

（5）运行该指令后，此时示教器显示各轴均为零。检查机器人各轴实际的位置是否在标记位范围内。若不在，移动机器人到标记位后重新执行"更新转数计数器"操作。

（6）发生"更新转数计数器"操作后，移动机器人的各轴至示教器显示为零。实际中机器人不在标记位范围内的原因为"机器人零位的电机偏移值接近 0 或者 6.28"即机器人零位在该圈编码器的临界处，此时人为地对准标记位产生误差，使得"更新转数计数器"操作后电机零圈位置与实际差了一圈。解决此问题的办法是重新对准同步标记位置，再进行"更新转数计数器"操作。

2.2.2　校准参数

进入示教器-校准-校准参数，界面如图 2-17 所示。

图 2-17　校准参数界面

图 2-17 中的"编辑电机校准偏移"为机器人零位时的电机编码器反馈值，如图 2-18 所示。

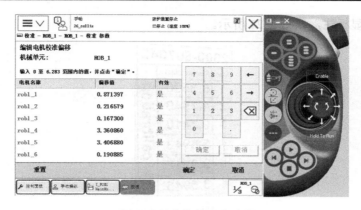

图 2-18 电机校准偏移

图 2-18 中的值应与机器人本体上的标签完全一致（机器人本体未做拆装，电机未与本体分离过，如图 2-19 所示）。

现场若发现机器人位置不准，除了检查机器人零位是否在刻度位范围内，还需要检查以上偏移值是否与标签一致。机器人本体未做拆装，电机未与本体分离过，该标签各数据均有效。若发现不一致，可能人为误操作，此时可以根据标签数据更改示教器中的数值。

现场若发生电机更换/本体拆装等，则标签数据无效。

对于外轴（导轨）等，若需要把当前位置设置为绝对零位，则可单击图 2-20 中的"微校"。完成后，该轴数据显示为 0°，此时该轴的电机偏移值也被修改。

图 2-19 本体各轴的电机偏移标签

图 2-20 机器人微校界面

2.2.3 Axis 校准

机器人在工厂的绝对零位如何标定得到呢？

现在多数的 ABB 工业机器人采用 Axis Calibration 方法。采用该方法标定的机器人在本体标签上会有明显标注，如图 2-21 所示。

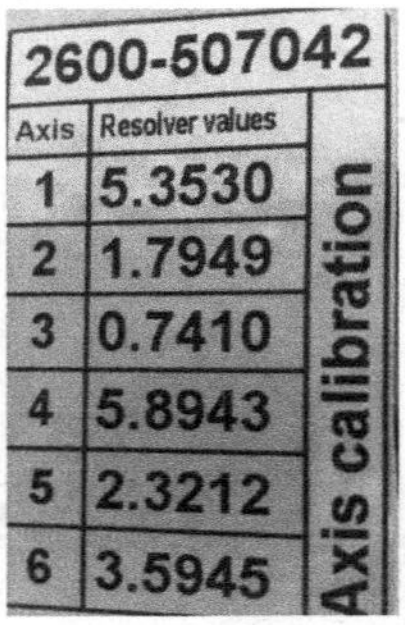

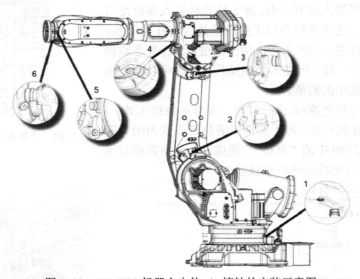

图 2-21　机器人的本体标签

Axis Calibration 方法采用在本体对应的位置安装 pin 撞针，运行程序自动测量机器人的零位信息。图 2-22 为 IRB6700 机器人本体 pin 撞针的安装示意图。

图 2-22　IRB6700 机器人本体 pin 撞针的安装示意图

使用时，去除轴的保护套，根据程序提示，插入 pin 撞针，如图 2-23 所示，并由程序自动完成零位寻找。

图 2-23　插入 pin 撞针（不同型号的机器人有些许差异）

程序使用方法如下：

（1）采用 2.2.1 节所述的对机器人进行"更新转数计数器"操作，完成粗略位置校准。

（2）进入示教器-程序编辑器-调试-PP 移至 Main，再单击调试-调用例行程序，如图 2-24 所示，选择"Axis Calibration"，单击"转到"，并上电运行。

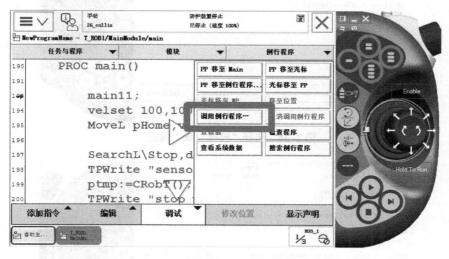

图 2-24 "调用例行程序"界面

（3）此处举例做精校准（主要用于更换电机后或者机器人首次装配），选择"Fine"，如图 2-25 所示。

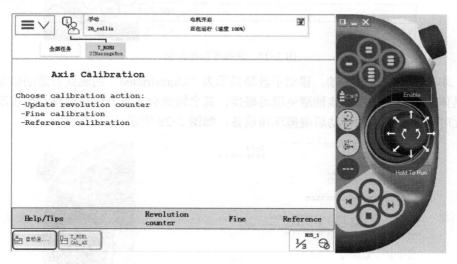

图 2-25 校准功能选择界面

（4）选择执行一个新的校准，选择"Calibrate"，如图 2-26 所示。

（5）选择要校准的轴，若校准多个轴，可以输入类似 145 格式（表示要校准 1、4、5 轴），如图 2-27 所示。

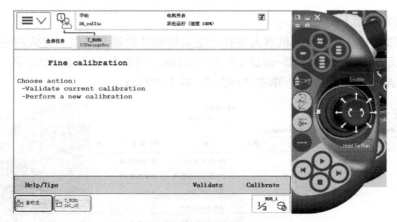

图 2-26 选择"校准"或"验证"

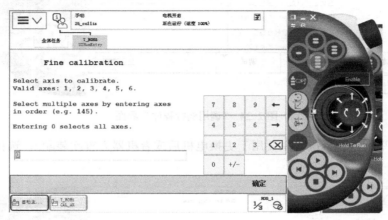

图 2-27 选择要校准的轴

（6）本节仅举例校准 1 轴。移动示教器提示为"Unrestricted"的轴到合适的位置，即该轴没有具体位置要求，移动该轴避免现场碰撞，其余轴则会在下一步自动移动到校准要求的位置，此时要避免其余轴移动后碰撞现场设备，如图 2-28 所示。

图 2-28 移动 Unrestricted 轴

(7) 机器人完成自动移动后，根据提示检查 1 轴是否在标记位。如果不在，可以单击"Realign sync."，如图 2-29 所示。

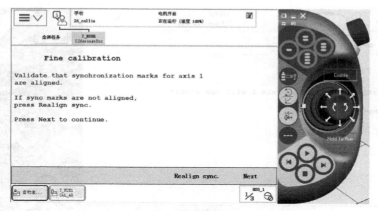

图 2-29　确认轴 1 是否在标记位

(8) 机器人会移动 1 轴到准备位置，即让出插入 pin 撞针的位置，如图 2-30 所示。

图 2-30　机器人移动轴 1

(9) 移除 1 轴校准位置的保护罩，插入校准 pin 撞针，如图 2-31 所示。

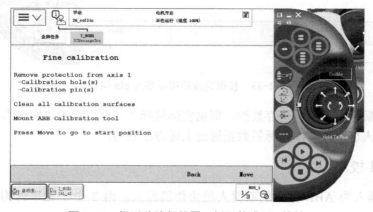

图 2-31　提示移除保护罩，插入校准 pin 撞针

(10) 单击"Move"后,机器人会移动 1 轴多次,完成 pin 撞针与本体的碰撞,测得零位,并记录相关轴的零位信息,如图 2-32 所示。

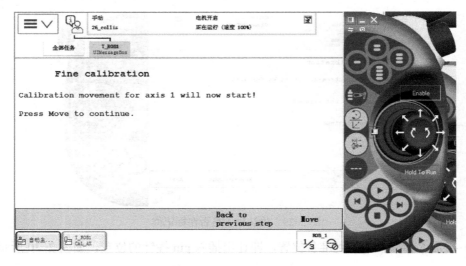

图 2-32 校准开始前提示

(11) 完成后会有如图 2-33 所示的提示。移除 pin 撞针,并单击"Next"。此时机器人会来回移动,检查 pin 撞针是否被移除。

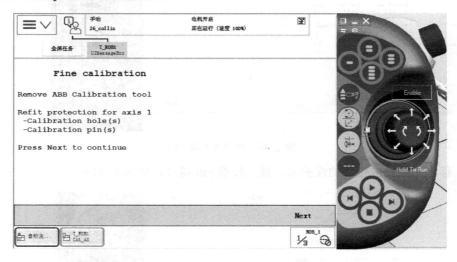

图 2-33 校准完成后提示移除 pin 撞针

(12) 完成后会提示是否保存数据,根据实际选择"保存"或者"取消"。
(13) 机器人出厂时,本体标签数据通过上述方法获得。

2.2.4 YUMI 校准

YUMI 机器人为 ABB 推出的双臂人机协作机器人,由 2 个 7 轴手臂构成,如图 2-34 所示。

图 2-34 YUMI 机器人

YUMI 机器人可以和普通机器人一样进行相关校准操作，即通过示教器-校准来完成。

执行校准时，先移动机器人到各轴的校准刻度线附近。注意，校准位置时，左右手不对称，对于 7 轴，左手对准"L"刻度位置，右手对准"R"刻度位置，如图 2-35 所示。

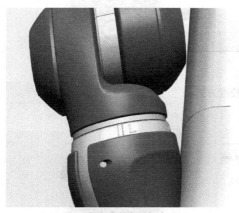 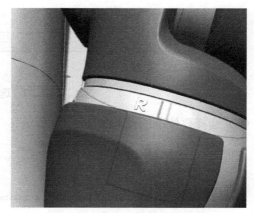

（a）YUMI 机器人的左手标志"L"　　　　　　（b）YUMI 机器人的右手标志"R"

图 2-35　YUMI 机器人各轴的标志

YUMI 机器人的每个关节内置霍尔传感器，即机器人在校准位置时，霍尔传感器的信号为 0，其他位置的信号为 1。运行程序，机器人根据霍尔传感器的信号值自动找寻校准位置（前提是机器人已经在校准标记位置附近），具体方法如下。

（1）使用示教器-校准-调用校准方法，上电并运行程序，如图 2-36 所示。

（2）选择"Fine"或者"更新转数计数器"（在机器人未做拆装的情况下，通常选择"更新转数计数器"），如图 2-37 所示。

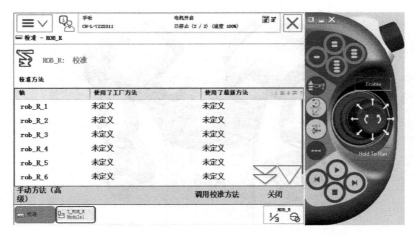

图 2-36 调用校准方法

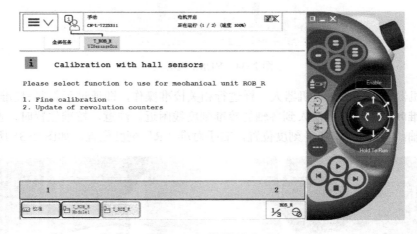

图 2-37 选择校准方式

（3）选择要校准的轴，如图 2-38 所示。

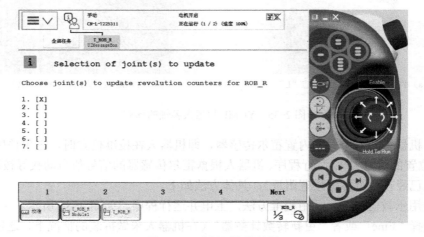

图 2-38 选择要校准的轴

（4）选择完毕，开始校准，如图 2-39 所示。

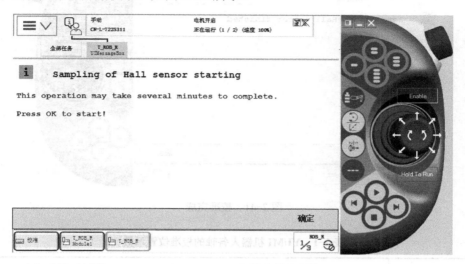

图 2-39　校准开始

（5）校准的过程中，示教器会提示是否已经找到相关霍尔传感器的信号。也可进入示教器-输入/输出，选择如图 2-40 所示的相关信号，进行状态查看。校准左手时，信号 hall_sensor_24V_ROB_L 为 1，校准右手时，信号 hall_sensor_24V_ROB_R 为 1。相关轴到达校准位置，此时该轴的信号为 0，不在校准位置时，霍尔传感器的信号为 1。

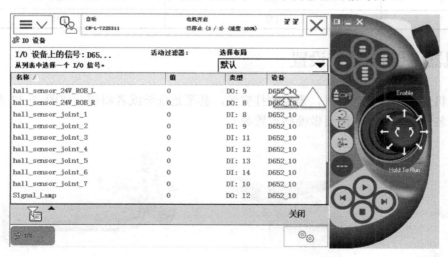

图 2-40　相关霍尔传感器的信号

（6）校准完毕，示教器给出提示并确认，如图 2-41 所示。

（7）YUMI 机器人各轴的校准位置非该轴零位。校准完毕后，机器人处于校准位置，各轴的显示刻度如表 2-1 所示。

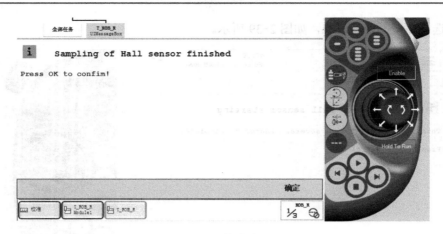

图 2-41 校准完成

表 2-1 YUMI 机器人各轴的校准位置示数

Axis	IRB 140000 ROB_R	IRB 140000 ROB_L
1	0°	0°
2	-130°	-130°
3	30°	30°
4	0°	0°
5	40°	40°
6	0°	0°
7	-135°	135°

2.3 机器人倒挂/壁装设置

现场机器人由于工艺需求，需要倒挂安装，甚至是壁装或者斜装，如图 2-42 所示。那么这种安装条件，机器人需要做哪些设置呢？

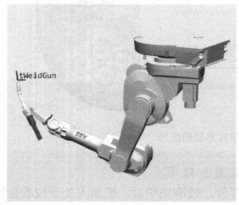

（a）机器人倒挂安装

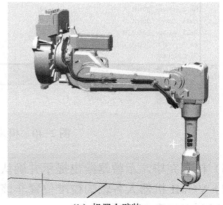

（b）机器人壁装

图 2-42 机器人倒挂及壁装示意图

2.3.1 Base 设置

机器人有若干坐标系，如图 2-43 所示。

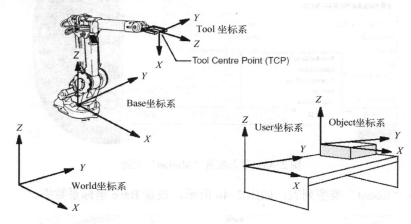

图 2-43 机器人各坐标系示意图

Base 坐标系位于机器人底部。若机器人按照常规位置安装，Base 和 World 坐标系重合。若机器人倒挂，则需要设置 Base 坐标系相对于 World 坐标系的关系，使得机器人可以沿着 World 坐标系运动也可沿着 Base 坐标系运动。如图 2-44 所示，A 为机器人的 Base 坐标系，B 为 World 坐标系。

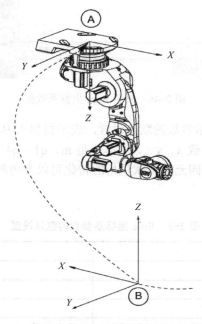

图 2-44 机器人的 Base 坐标系与 World 坐标系

（1）进入示教器-控制面板-配置，主题切换为"Motion"，如图 2-45 所示。

图 2-45 进入配置"Motion"主题

（2）进入"Robot"类型列表，如图 2-46 所示，设置 Base 坐标系数据。

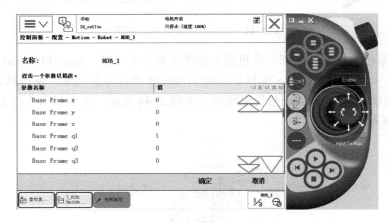

图 2-46 设置 Base 坐标系数据

（3）表 2-2 为 Base 坐标系参数的默认设置，表示机器人 Base 坐标系相对于 World 坐标系的位置关系。表 2-2 中的参数 x、y、z 的单位是 m，q1~q4 四元数表示 Base 坐标系相对于 World 坐标系的旋转。具体四元数与欧拉角的转化可以参考网络介绍（四元数平方和要求为 1）。

表 2-2 Base 坐标系参数的默认设置

参　数	值
Base Frame x	0
Base Frame y	0
Base Frame z	0
Base Frame q1	1
Base Frame q2	0
Base Frame q3	0
Base Frame q4	0

（4）若机器人倒挂，Base 坐标系相对于 World 坐标系在 Z 方向有 2m 高，且机器人绕 World 坐标系的 Y 轴旋转 180°，配置如图 2-47 和表 2-3 所示。

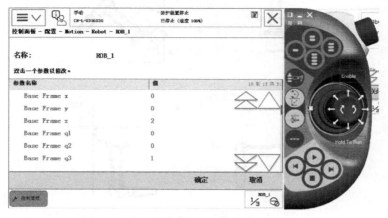

图 2-47　机器人倒挂 2m，绕 Y 轴旋转 180°

表 2-3　Base 坐标系的参数设置（机器人倒挂）

参　　数	值
Base Frame x	0
Base Frame y	0
Base Frame z	2
Base Frame q1	0
Base Frame q2	0
Base Frame q3	1
Base Frame q4	0

（5）常见的机器人倒挂形式及对应角度的四元数如图 2-48 所示。

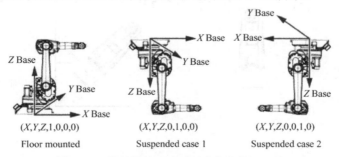

图 2-48　常见倒挂形式及对应角度的四元数

2.3.2　重力参数设置

机器人倒挂/壁装后，由于形态发生变化，机器人的各个位置也会受重力影响，所以需要设置对应的重力参数。

若机器人的 Base 坐标系绕 World 坐标系的 Y 轴旋转对应角度，则修改 Gravity Beta 数据，如图 2-49 和表 2-4 所示。

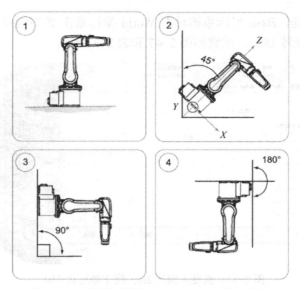

图 2-49 不同位置的 Gravity Beta 参数示意图

表 2-4 机器人的 Gravity Beta 参数

位　　置	安装角度	Gravity Beta 参数
Pos1	0°（地面安装）	0
Pos2	45°（倾斜）	0.785398
Pos3	90°（墙面）	1.570796
Pos4	180°（倒挂）	3.141593

若机器人的 Base 坐标系绕 World 坐标系的 X 轴旋转对应角度，则修改 Gravity Alpha 数据，如图 2-50 和表 2-5 所示。

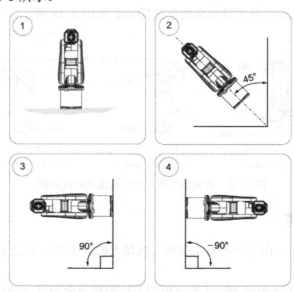

图 2-50 不同位置的 Gravity Alpha 参数示意图

第 2 章 校　　准

表 2-5　机器人的 Gravity Alpha 参数

位　　置	安装角度	Gravity Alpha 参数
Pos1	0°（地面安装）	0
Pos2	45°（倾斜）	0.785398
Pos3	90°（墙面）	1.570796
Pos4	-90°（墙面）	-1.570796

（1）进入示教器-控制面板-配置，主题切换为"Motion"，如图 2-51 所示。

图 2-51　配置"Motion"主题

（2）进入 Robot 类型列表。根据图 2-49、图 2-50、表 2-4 和表 2-5 修改 Gravity Alpha 和 Gravity Beta 参数的值，如图 2-52 所示。

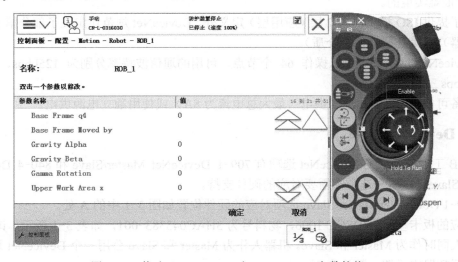

图 2-52　修改 Gravity Alpha 和 Gravity Beta 参数的值

第 3 章 通 信 配 置

3.1 DeviceNet

3.1.1 DeviceNet 概述

DeviceNet 通信协议是由美国的 Allen-Bradley 公司（后被洛克威尔自动化公司合并）开发的，以 Bosch 公司开发的控制器局域网络（CAN）为其通信协议的基础。DeviceNet 移植了来自 ControlNet（另一个由 Allen-Bradley 公司开发的通信协议）的技术，再配合控制器局域网络的使用，因此其成本较传统以 RS-485 为基础的通信协议要低，但又可以有较好的强健性。

为了推广 DeviceNet 在世界各地的使用，洛克威尔自动化公司决定将此技术分享给其他厂商。后来 DeviceNet 通信协议由位于美国的独立组织 ODVA 管理。ODVA 维护 DeviceNet 的规格，也提供一致化测试，确保厂商的产品符合 DeviceNet 通信协议的规格。

DeviceNet 也是一种串行通信链接，可以减少昂贵的硬接线。DeviceNet 所提供的直接互连性不仅改善了设备间的通信，同时也提供了相当重要的设备级诊断功能，这是通过硬接线 I/O 接口很难实现的。

除了提供 ISO 模型的第 7 层（应用层）定义外，DeviceNet 规范还定义了部分第 1 层（物理收发器）和第 0 层（传输介质）。

DeviceNet 网络最大可以操作 64 个节点，可用的通信波特率分别为 125kbps、250kbps 和 500kbps 三种。

设备可由 DeviceNet 总线供电（最大总电流为 8A）或使用独立电源供电。

3.1.2 DeviceNet 选项

ABB 工业机器人的 DeviceNet 选项有 709-1 DeviceNet Master/Slave 和 840-4 DeviceNet Anybus Slave，这两种选项都需要对应的硬件支持。

709-1 DeviceNet Master/Slave 选项对应的硬件位置如图 3-1 中的 A 处。

对应的板卡型号为 DSQC 1006，物料号为 3HAC043383-001，如表 3-1 所示。该板卡支持机器人同时作为 Master 和 Slave。机器人作为 Master 和 Slave 公用一个 DeviceNet 地址（在机器人示教器中设置，默认为 2）。

第3章 通信配置

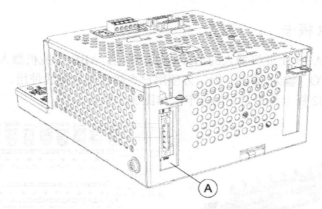

图 3-1 709-1 DeviceNet Master/Slave 选项对应的硬件位置

表 3-1 709-1 DeviceNet Master/Slave 选项对应的板卡型号及物料号

	描 述	型 号	物料号
A	DeviceNet Master/Slave PCI Express	DSQC 1006	3HAC043383-001

840-4 DeviceNet Anybus Slave 选项对应的硬件位置如图 3-2 中的 B 处。该选项只支持机器人做 DeviceNet 的 Slave（通常用于机器人在 DeviceNet 网络上需要 2 个不同地址的情况）。

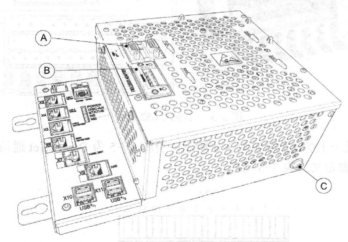

图 3-2 840-4 DeviceNet Anybus Slave 选项对应的硬件位置

安装 DeviceNet Anybus Slave 时，需要机器人有图 3-2 中 A 处的板卡，具体型号及物料号如表 3-2 所示。

表 3-2 840-4 DeviceNet Anybus Slave 选项对应的板卡型号及物料号

	描 述	型 号	物料号
A	Anybus Slave/ RS232 expansion board	DSQC 1003	3HAC046408-001
B	DeviceNet anybus slave	DSQC 1004	3HAC045973-002
C	Ground connection for ESD bracelet		

3.1.3 DSQC 652 板卡

3.1.2 节介绍了 ABB 工业机器人的 DeviceNet 选项。ABB 工业机器人基于 DeviceNet 选项提供若干常见的 I/O（输入/输出）板，方便用户直接配置和接线使用。

其中，DSQC 652 板卡为最常见的板卡，如图 3-3 所示。

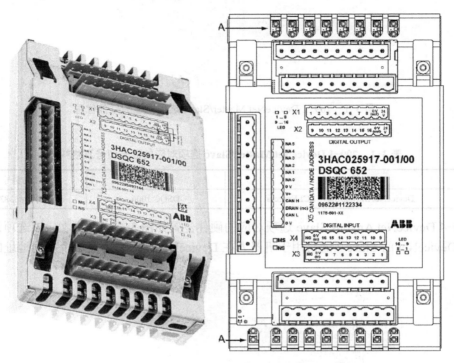

图 3-3 DSQC 652 板卡

图 3-3 所示板卡上的 X5 端如图 3-4 所示，引脚 1～5 为 DeviceNet 通信的标准接线（默认已经接好），引脚定义如表 3-3 所示。

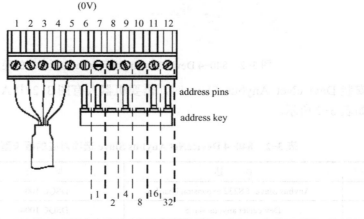

图 3-4 DeviceNet 通信与地址端

表 3-3　X5 端 1~5 引脚的定义

引脚	功能
1	0V
2	CAN L
3	DRAIN
4	CAN H
5	V+

X5 端的 7~12 为地址位，采用短接片设置，如图 3-4 所示。地址设置时，高电平有效。引脚 6 为 0V，故短接片中剪去的为高电平，未剪去的短接片为低电平。图 3-4 为短接片出厂时的默认状态，即默认地址为 10。若需要增加板卡，则增加的板卡需要在 X5 端修改地址（地址不能重复），同时在机器人示教器中做对应的配置修改。

DSQC 652 板卡（见图 3-3）的上部区域 X1 端和 X2 端为 Digital Output（输出）16 个输出点，其中引脚 9 和引脚 10 分别为输出端的 0V 和 24V，需要从外部电源引入（也可从柜门上的 XT31 端引入）。

DSQC 652 板卡（见图 3-3）的下部区域 X3 端和 X4 端为 Digital Input（输入）16 个输入点，其中引脚 9 是 0V，需要从外部电源引入（也可从柜门旁的 XT31 端引入）。

3.1.4　添加与配置信号（传统步骤）

该节配置基于 DSQC 652 板卡，其他板卡或者基于其他总线的信号配置方法类似。使用 RobotStudio 做虚拟仿真时，请确认建立系统已经有 709-1 DeviceNet Master/Slave 选项（建立虚拟系统时，可以先勾选图 3-5 中的"自定义选项"，添加 709-1 DeviceNet Master/Slave 选项）。

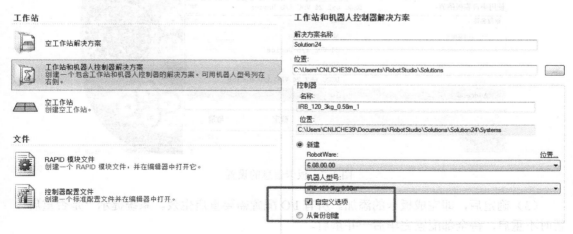

图 3-5　新建系统选择自定义选项

1. 添加板卡

（1）进入示教器-控制面板-配置-DeviceNet Device，如图 3-6 所示。

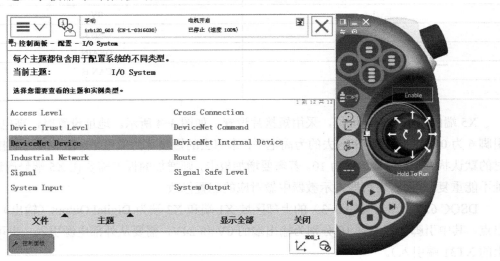

图 3-6　DeviceNet Device

（2）单击"添加"，模板选择 DSQC 652。根据板卡实际的地址短接片，修改 Address，默认为 10，如图 3-7 所示。

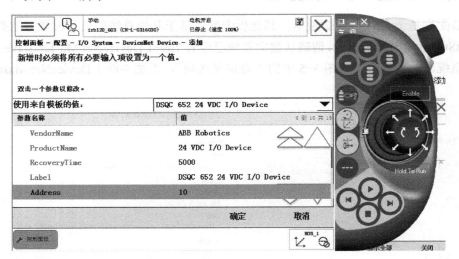

图 3-7　板卡信息的设置

（3）确定后，即完成板卡的添加。所有 I/O 配置需要重启生效。系统提示"是否重启"，暂时不重启，待全部配置完毕后一并重启。

2. 添加单个输入/输出信号

（1）进入示教器-控制面板-配置-Signal，单击"添加"，如图 3-8 所示。

第 3 章 通信配置

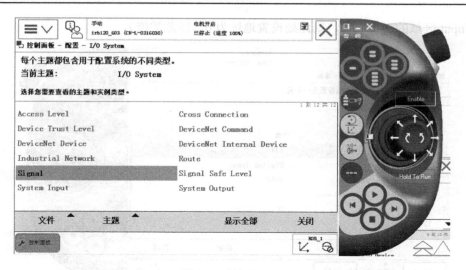

图 3-8 添加 Signal

（2）此处举例添加一个 Digital Output（输出）。

① 设置信号名称（Name）：DO1；

② 设置信号类型（Type of Signal）：Digital Output；

③ 设置信号连接的设备（Assigned to Device）：选择图 3-7 添加的板卡（如 D652_10）；

④ 设置信号在设备上的地址（Device Mapping）：如图 3-9 所示（注意：若实际接线 Digital Output 区域的 1 号引脚，则此处设置地址为 0，以此类推）。

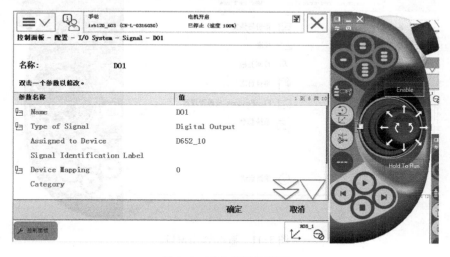

图 3-9 输出信号的配置

（3）此处举例添加一个 Digital Input（输入）信号。

① 设置信号名称（Name）：DI1；

② 设置信号类型（Type of Signal）：Digital Input；

③ 设置信号连接的设备（Assigned to Device）：选择图 3-7 添加的板卡（如 d652）；

④ 设置信号在设备上的地址（Device Mapping）：如图 3-10 所示（注意：若实际接线

Digital Input 区域的 1 号引脚，则此处设置地址为 0，以此类推）。

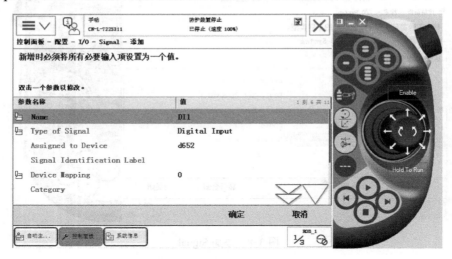

图 3-10　输入信号的配置

（4）添加完所有信号后，重启机器人。

3. 输入/输出的查看

（1）进入示教器-输入/输出，如图 3-11 所示。

图 3-11　输入/输出窗口

（2）在视图中选择 I/O 设备，然后在列表中选择对应的设备，最后单击"信号"，如图 3-12 和图 3-13 所示。

（3）可以查看输入/输出信号的当前值。

（4）可以设置输出信号的值。

（5）可以在仿真某个输入/输出信号后仿真信号的值，即程序内部为 1，但无实际输入/输出。

第 3 章 通信配置 · 49 ·

图 3-12 在视图中选择 I/O 设备

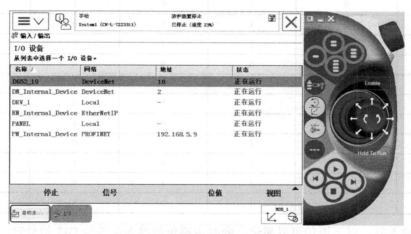

图 3-13 在列表中选择对应的设备

注意：为确保生产安全，请务必在切换到自动模式前，取消所有信号仿真，如图 3-14 所示。

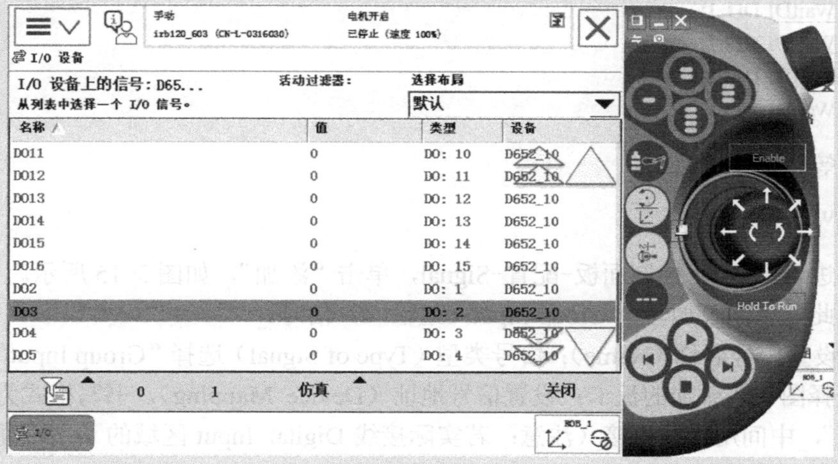

图 3-14 信号的查看与强制

4. 添加组信号

若同时控制若干个 DO 信号，或使用若干 DI 信号组成组（Group），提高利用率（4 位信号通过 8421 编码可以构成 16（0~15）种状态，如表 3-4 所示）。

表 3-4 组输出二进制与十进制

序 号	bit3	bit2	bit1	bit0	值
1	0	0	0	0	0
2	0	0	0	1	1
3	0	0	1	0	2
4	0	0	1	1	3
5	0	1	0	0	4
6	0	1	0	1	5
7	0	1	1	0	6
8	0	1	1	1	7
9	1	0	0	0	8
10	1	0	0	1	9
11	1	0	1	0	10
12	1	0	1	1	11
13	1	1	0	0	12
14	1	1	0	1	13
15	1	1	1	0	14
16	1	1	1	1	15

使用组输入后，以下语句可以简化，同时也避免机器人在等待 DI3 信号时，DI1 信号变为 0 而机器人不能及时知晓。

使用等待单个 DI 信号语句：

```
WaitDI DI1,1;
WaitDI DI2,1;
WaitDI DI3,1;
WaitDI DI4,1;
```

使用等待组输入语句：

```
WaitGI GI1,15;
```

（1）进入示教器-控制面板-配置-Signal，单击"添加"，如图 3-15 所示。

（2）此处举例添加一个 Group Input（组输入）信号。

（3）设置信号名称（Name）；信号类型（Type of Signal）选择"Group Input"；Assigned to Device 选择图 3-7 添加的板卡；设置信号地址（Device Mapping），书写格式为"起始地址-结束地址"，中间用横线连接（注意：若实际接线 Digital Input 区域的 1~8 引脚，则此处地址为 0~7，如图 3-16 所示）。

图 3-15 Signal 界面

图 3-16 配置 Group 信号

(4) 若组信号的地址非连续,也可按图 3-17 所示的方法输入。

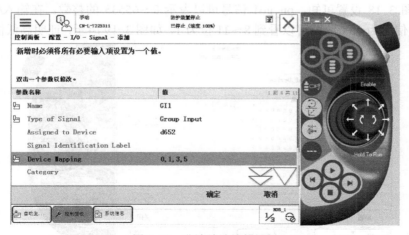

图 3-17 非连续地址的配置

(5) 配置完所有信号后重启机器人,即可在输入/输出界面查看信号状态。

5. 组信号高低字节交换问题

ABB 工业机器人可以配置组输出和组输入信号，如组输出信号 Group Output1（地址 0～7）可以表示 0～255 的整数。

PLC 端可以定义 byte（8 位）、word（16 位）、dword（32 位）等数据类型。不同的 PLC 端对于字节的高低定义不同。例如，对于 word0，有些 PLC 端可能是 byte0 为低字节、byte1 为高字节，有些则反之。

如果 PLC 端 byte0 为高字节、byte1 为低字节，那么机器人端如何配置呢？

（1）进入示教器-控制面板-配置-Signal，添加信号。信号类型选择组输出（Group Output），此处举例使用地址 0～15 对应 PLC 端的 word0。

（2）ABB 工业机器人默认第一个字节为低字节，第二个字节为高字节；若 PLC 端的第一个字节为高字节，第二个字节为低字节，则机器人的配置如图 3-18 所示，即 8～15 为高位，0～7 为低位。

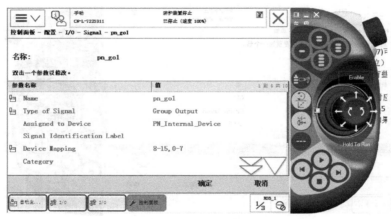

图 3-18　高低字节交换配置

（3）所有信号设置完毕后，重启机器人。

（4）由图 3-18 设置可知，pn_go1 信号可以表示 0～65535 的整数。在输入/输出界面，强制 pn_go1 信号为 15，此时可以看到 8～11 位为 1，如图 3-19 所示，证明高低位已经交换。

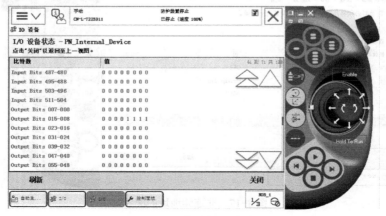

图 3-19　信号按位查看

（5）对于 dword 等更大型数据，如果有高低位顺序问题，也可类似设置。

3.1.5 使用组输出发送 ASCII 码

字符 a~z 及其他字母符号均可通过 ASCII 码表示。如果现场希望通过组输出发送字符 ASCII 码给 PLC 端，那么如何实现呢？

ASCII 码为 8 位，即 1 个 byte，故可以创建 8 位的组输出（参考图 3-16）发送 ASCII 码，如图 3-20 所示。

图 3-20　创建 8 位的输出发送 ASCII 码

可以创建如下代码，完成字符与 ASCII 码的转化与发送：

```
VAR string s1;
VAR num no_ascii;
VAR rawbytes rawbyte1;
s1:="A";
ClearRawBytes rawbyte1;
!将 rawbyte1 清空
PackRawBytes s1,rawbyte1,RawBytesLen(rawbyte1)+1\ASCII;
!将字符串 s1 的内容以 ASCII 码的形式打包入 rawbyte1，从 rawbyte1 的第一位开始
UnpackRawBytes rawbyte1,1,no_ascii\IntX:=USINT;
!将 rawbyte1 里的长度为 USINT（1 字节）的内容解包到 num 型数据 no_ascii 中，
SetGO g_ascii,no_ascii;
!发送组输出
```

3.1.6 快速配置 D652 单个信号及组信号

3.1.4 节介绍了传统配置 D652 板卡及信号的方法，该方法实用且准确，可以对各信号的名称等个性化特点进行设置。

有时对信号名称等没有特殊要求，也可通过示教器一键完成所有信号的自动配置，快速

且简便,该方法仅可用于真实机器人,对仿真机器人无效,具体方法如下:
(1) 进入示教器-输入/输出,选择"工业网络",如图 3-21 所示。

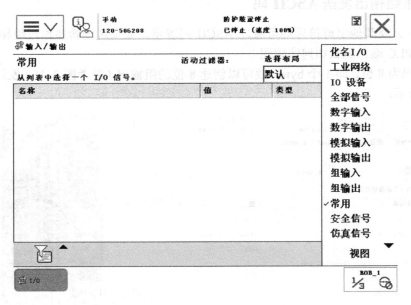

图 3-21 选择"工业网络"

(2) 选择"DeviceNet"网络,单击"配置",如图 3-22 所示。此时会搜索网络上所有基于 DeviceNet 总线的设备,并对设备和相应信号进行自动配置。

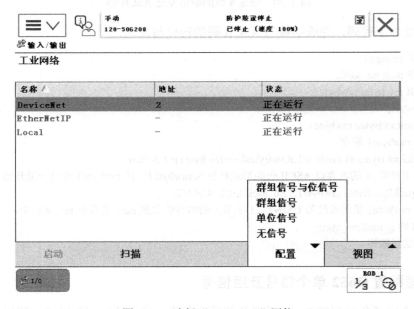

图 3-22 选择"DeviceNet"网络

(3) 若选择单位信号,则会对设备上的每一个输入/输出点配置 DI/DO,配置重启后如图 3-23 所示。

图 3-23 配置单个信号

（4）若选择群组信号，则会对设备上的输入/输出进行 GI/GO 的配置（默认 8 位为一个 Group）。

（5）若选择群组信号与单位信号，则会对每一个输入/输出点配置 DI/DO，同时配置 GI/GO（默认 8 位为一个 Group），配置完毕如图 3-24 所示。

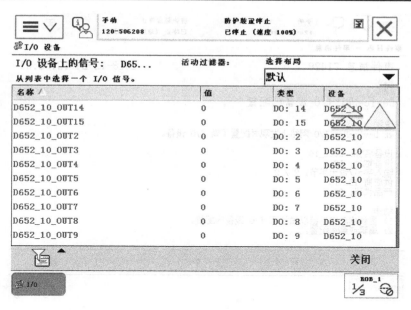

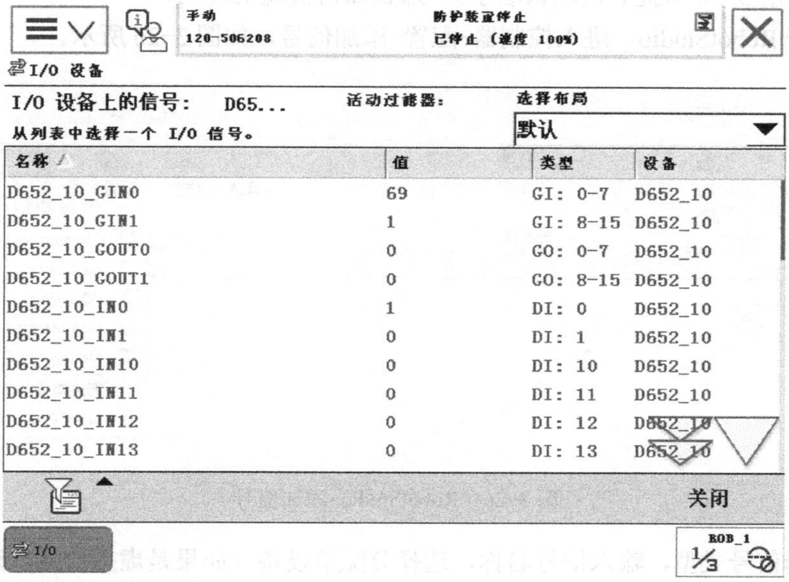

图 3-24 配置群组信号与单位信号

（6）配置完毕重启后，在机器人日志里可以看到配置结果，如图 3-25 所示。

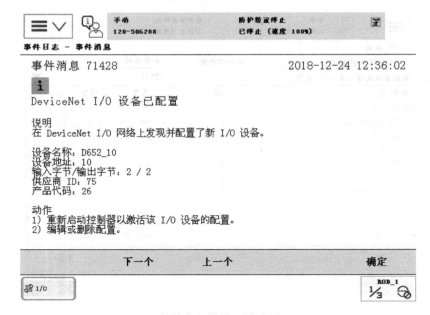

图 3-25 配置结果

3.1.7 通过 RobotStudio 批量添加信号

3.1.6 节介绍了在示教器中快速配置信号的方法。若现场有很多信号要添加，信号名称有规律（但不使用 3.1.6 节提到的默认名字），那么如何快速实现呢？

（1）打开 RobotStudio，进入控制器-配置-添加信号，如图 3-26 所示。

图 3-26 RobotStudio 添加信号

（2）选择信号类型，输入信号名称，选择分配给设备（如果是虚拟信号，选择"无"），设置开始索引（信号名称的起始序号）和信号数量，真实信号选择"设备映射开始"（地址开始位），单击"确定"按钮，如图 3-27 所示。完成所有配置后重启机器人。

第 3 章 通信配置

图 3-27 批量设置信号信息

（3）配置完成后的效果如图 3-28 所示。

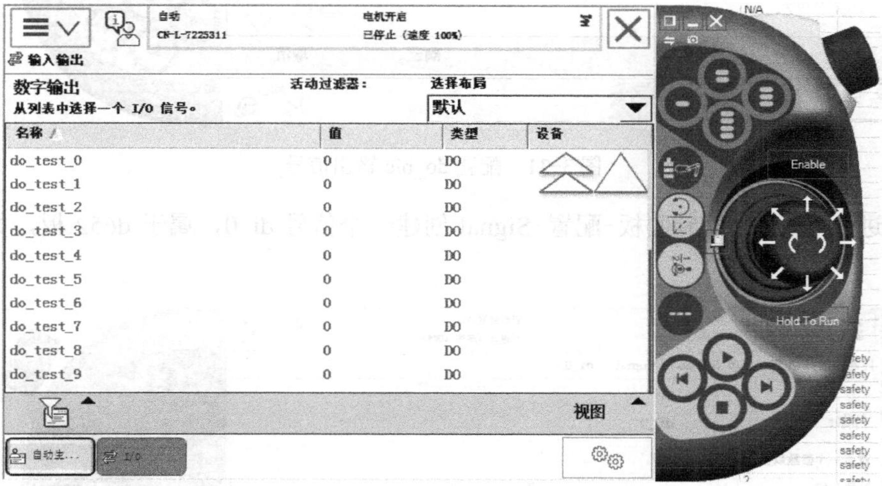

图 3-28 配置完成后的效果

（4）该方法仅可批量添加 DI 和 DO 信号。

3.1.8 Cross Connection

对于一些信号，机器人希望实时做逻辑运算（与或非），而不是等机器人程序执行到再进行逻辑运算。如图 3-29 所示，di1 和 di2 同时为 1，则 do1 为 1。

如何配置图 3-29 所示信号的逻辑运算？可以使用 Cross Connection。

此处举例若输入信号 di_0 为 1，则输出信号 do_plc 为 1；若输入信号 di_0 为 0，则输出信号 do_plc 为 0，如图 3-30 所示。也可以添加多个信号，使用与或非逻辑运算。

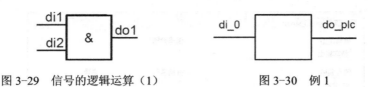

图 3-29 信号的逻辑运算（1）　　　　图 3-30 例 1

（1）进入示教器-控制面板-配置-Signal 创建一个信号 do_plc，属于 DN_Internal_Device（或者其他板卡。若为虚拟信号，则不需要设置 Assigned to Device），如图 3-31 所示。

图 3-31 配置 do_plc 输出信号

（2）进入示教器-控制面板-配置-Signal 创建一个信号 di_0，属于 d652 板，如图 3-32 所示。

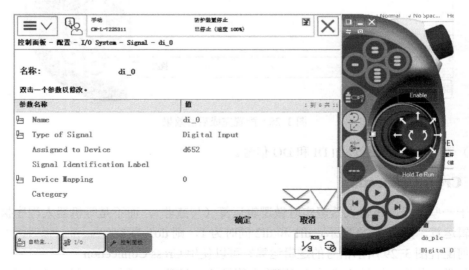

图 3-32 配置 di_0 信号

（3）进入示教器-控制面板-配置-Cross Connection，选择"添加"，如图 3-33 所示。

第 3 章 通 信 配 置

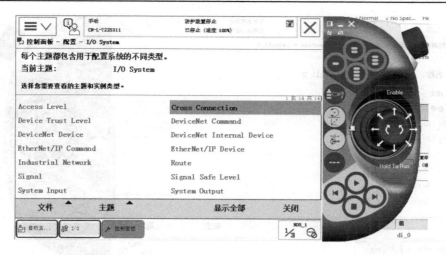

图 3-33 Cross Connection 界面

（4）如图 3-34 所示，根据需要设置 Name，如 plc_cross；Resultant 为结果信号（被控信号），此处为 do_plc；Actor1 为执行信号，此处为 di_0。若希望 do_plc 信号与 di_0 信号相反，则可设置 Invert Actor1 为 Yes。

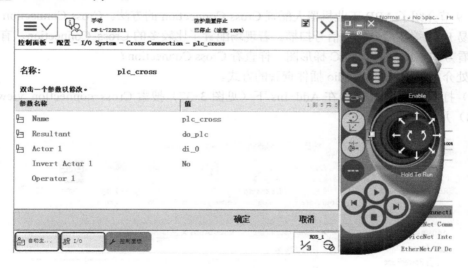

图 3-34 配置 Cross Connection

（5）配置完毕后重启机器人。此时 di_0 信号的状态就实时地转发给 do_plc 信号。
（6）若需要实现图 3-35 所示信号的逻辑运算，则可以参照图 3-36 完成配置。

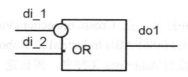

图 3-35 信号的逻辑运算

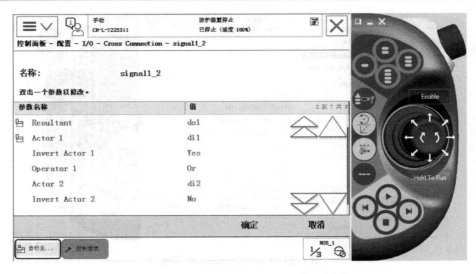

图 3-36 Cross Connection 配置的示意图

3.1.9 Cross Connection 查看器

3.1.9 节介绍了 ABB 工业机器人配置 Cross Connection 的方法。Cross Connection 类似于一个简易 PLC 端在后台执行信号扫描。若现场配置了比较多的 Cross Connection，有没有直观的查看方式？比如类似 PLC 梯形图一样查看 Cross Connection？

此处介绍使用 RobotStudio 插件查看的方式。

（1）打开 RobotStudio，在 Add-Ins 下（见图 3-37）搜索 Cross-connection viewer（见图 3-38）并下载。

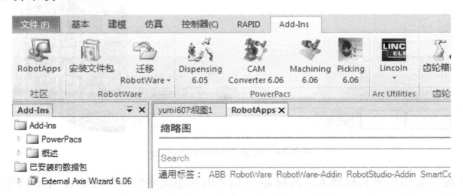

图 3-37 Add-Ins 界面

（2）解压下载得到的文件并打开，把 CrossConnectionsViewer 文件夹放到 RobotStudio 的安装路径，如 "C:\Program Files (x86)\ABB Industrial IT\Robotics IT\RobotStudio 6.07\Bin64\Add-Inss"（针对 64 位），如果没有 Add-Inss 文件夹，需新建一个文件夹。

（3）重新打开 RobotStudio，在控制器下可以看到 Cross connections viewer 图标，如图 3-39 所示。

图 3-38　搜索 Cross-connection viewer　　　图 3-39　Cross connections viewer 图标

（4）单击"Draw/Redraw"按钮，会以梯形图的方式显示系统中所有的 Cross Connection，并显示对应的信号状态，如图 3-40 所示。

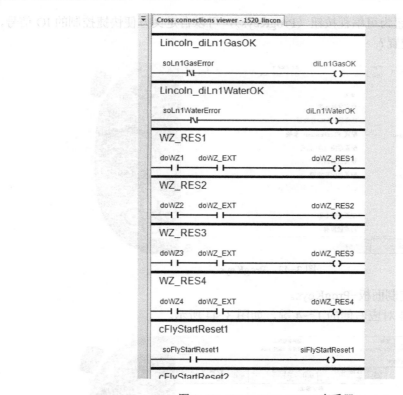

图 3-40　Cross Connection 查看器

（5）可以根据信号名和 Cross Connection 筛选，如图 3-41 所示，筛选结果如图 3-42 所示。

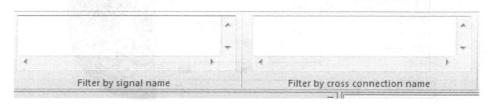

图 3-41　添加筛选

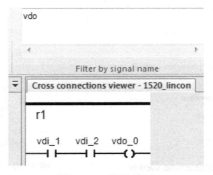

图 3-42　筛选结果

3.1.10　示教器可编程按钮

示教器右上角的按钮为可编程按钮（ProgKeys），可以自定义方便快捷控制的 IO 信号，如图 3-43 所示。如何配置？

图 3-43　ProgKeys

（1）进入示教器-控制面板-ProgKeys。

（2）按键 1～按键 4 对应右侧的 1～4 键，如图 3-44 所示。

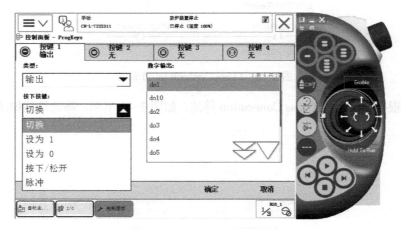

图 3-44　ProgKeys 配置界面

（3）选择对应信号的类型和名称。

（4）选择"按下按键"的功能，其中"切换"为信号当前状态的取反；而"按下/松开"表示按下信号设置为 1，松开信号设置为 0，如图 3-44 所示。

（5）配置完毕即可使用，不需要重启。

3.1.11 设置信号访问等级

机器人在配置信号时，可以设置访问等级（Access Level），如图 3-45 所示，即该信号可以在什么情况下被修改状态等。信号默认的 Access Level 为 Default。

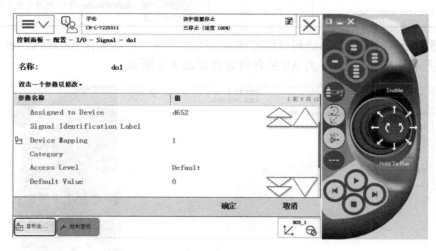

图 3-45 信号的访问等级（Access Level）

Access Level 为 Default 的具体设置可以到示教器-控制面板-配置的 Access Level 里查看，如图 3-46 所示。Access Level 为 Default 的各值含义如表 3-5 所示。

图 3-46 Access Level 为 Default 的具体设置

表 3-5 Access Level 为 Default 的各值含义解释

Name	Default	备注
Rapid	Write Enabled	该信号可以通过 Rapid 程序控制
Local Client in Manual Mode	Write Enabled	本地客户端（通常通过示教器），机器人处于手动模式，可以控制该信号
Local Client in Auto Mode	Read Only	本地客户端（通常通过示教器），机器人处于自动模式，该信号为只读
Remote Client in Manual Mode	Read Only	远程客户端（RobotStudio 等），机器人处于手动模式，该信号为只读
Remote Client in Auto Mode	Read Only	远程客户端（RobotStudio 等），机器人处于自动模式，该信号为只读

如果想在任何时候都可以访问该信号或者修改信号值，可以选择 Access Level 为 ALL，如图 3-47 所示。Access Level 为 All 的各值含义如表 3-6 所示。

图 3-47 Access Level 为 All 的具体设置

表 3-6 Access Level 为 All 的各值含义

Name	Default	备注
Rapid	Write Enabled	该信号可以通过 Rapid 程序控制
Local Client in Manual Mode	Write Enabled	本地客户端（通常通过示教器），机器人处于手动模式，可以控制该信号
Local Client in Auto Mode	Write Enabled	本地客户端（通常通过示教器），机器人处于自动模式，可以控制该信号
Remote Client in Manual Mode	Write Enabled	远程客户端（RobotStudio 等），机器人处于手动模式，可以控制该信号
Remote Client in Auto Mode	Write Enabled	远程客户端（RobotStudio 等），机器人处于自动模式，可以控制该信号

有些信号只能由系统内部控制，不允许其他任何访问，可以选择 Access Level 为 ReadOnly，如图 3-48 所示。ReadOnly 访问等级的含义如表 3-7 所示。

第 3 章 通 信 配 置

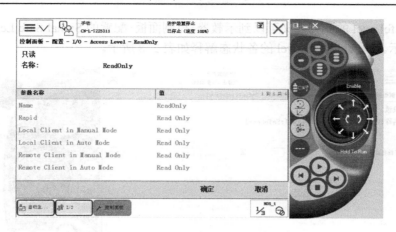

图 3-48　Access Level 为 ReadOnly 的具体设置

表 3-7　Access Level 为 ReadOnly 的各值含义

Name	Default	备注
Rapid	ReadOnly	该信号可以不可通过 Rapid 程序控制
Local Client in Manual Mode	ReadOnly	本地客户端（通常通过示教器），机器人处于手动模式，该信号为只读
Local Client in Auto Mode	ReadOnly	本地客户端（通常通过示教器），机器人处于自动模式，该信号为只读
Remote Client in Manual Mode	ReadOnly	远程客户端（RobotStudio 等），机器人处于手动模式，该信号为只读
Remote Client in Auto Mode	ReadOnly	远程客户端（RobotStudio 等），机器人处于自动模式，该信号为只读

若希望新建一个自定义 Access Level，可以在 Access Level 界面中单击新建并根据需要定义。建立完毕后，配置对应信号时，选择自定义的 Access Level 即可。

3.1.12　设置信号安全等级

Signal Safe Level 为系统在开机、关机及信号是否可以访问时对应信号的状态设置，包括 Startup、Shutdown、when Signal Accessible、when Signal Not Accessible 等。机器人在配置信号的时候，可以设置安全等级（Safe Level），如图 3-49 所示，默认为 DefaultSafeLevel。

图 3-49　信号的 Safe Level

DefaultSafeLevel 的具体含义可以到示教器-控制面板-配置的 Signal Safe Level 里查看，如图 3-50 所示。DefaultSafeLevel 的各状态解释如表 3-8 所示。

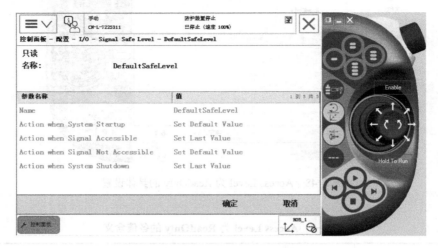

图 3-50　DefaultSafeLevel 的具体含义

表 3-8　DefaultSafeLevel 的各状态解释

Name	Default	备注
Action when System Startup	Set Default Value	系统启动时，该信号被设为默认值（默认值可以在 Signal 里配置）
Action when Signal Accessible	Set Last Value	当该信号可以访问时，保持当前值
Action when Signal Not Accessible	Set Default Value	当该信号不可以访问时，该信号被设为默认值
Action when System Shutdown	Set Last Value	系统关闭时，保持当前值

有些信号特别注重安全性，其 Safe Level 可以选择 SafetySafeLevel，如图 3-51 所示。SafetySafeLevel 的各状态解释如表 3-9 所示。

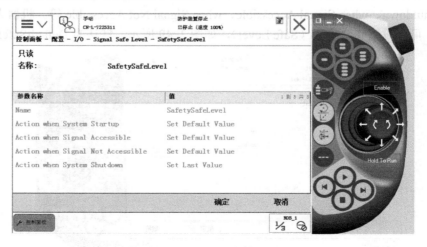

图 3-51　SafetySafeLevel

表 3-9 SafetySafeLevel 的各状态解释

Name	Default	备注
Action when System Startup	Set Default Value	系统启动时，该信号被设为默认值（默认值可以在 Signal 里配置）
Action when Signal Accessible	Set Default Value	当该信号可以访问时，该信号被设为默认值
Action when Signal Not Accessible	Set Default Value	当该信号不可以访问时，该信号被设为默认值
Action when System Shutdown	Set Last Value	系统关闭时，保持当前值

若希望自己新建一个 Safe Level，可以在 Signal Safe Level 里新建并根据需要定义。配置对应信号时，选择对应的 Safe Level。

3.1.13 配置 DSQC 651 模拟量

3.1.3 节主要介绍了基于 DSQC 652（16DI 和 16DO）的信号配置。对于有些需要通过模拟量控制的设备，比如模拟量控制焊接电压电流，可以使用 DSQC 651 板卡，如图 3-52 所示。该板卡支持 8 Digital Input、8 Digital Output 和 2 Analog Output（模拟量输出）。

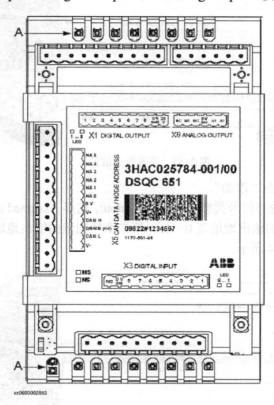

图 3-52 DSQC 651 板卡

图 3-52 左侧的 X5 端（DeviceNet 总线及地址）、X1 端的 Digital Input 区域和 X3 端的 Digital Output 区域接线；参见 3.1.3 节关于 DSQC 652 的介绍。对于模拟量 X6 端，接线定义如表 3-10 所示。

表 3-10 X6 端的接线定义

信号名字	X6 pin	解释
-	1	No connection
-	2	No connection
-	3	No connection
0 VA	4	0V for Out channels 1-2
AN_OCH1	5	Out channels 1
AN_OCH2	6	Out channels 2

模拟量的配置方法如下：

（1）进入示教器-控制面板-配置-DeviceNet Device，单击"添加"。选择模板 DSQC 651，根据实际地址短接片设置 Address，如图 3-53 所示。

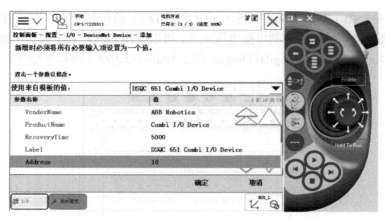

图 3-53 设置板卡信息

（2）进入 Signal，单击"添加"。

（3）设置信号名称，选择信号类型为 Analog Output，选择 Assigned to Device。对于 DSQC 651 板卡，第一个模拟量的输出地址是 0~15，第二个模拟量的输出地址是 16~31，8 个 DO 地址为 32~39，如图 3-54 所示。

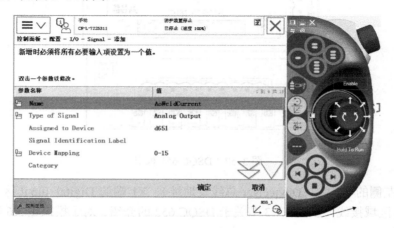

图 3-54 添加信号

第 3 章 通信配置

(4) 以下设置需要根据实际情况设置，此处举例为控制焊机的焊接电源的电流输出，如图 3-55 所示。

(5) 图 3-55 表示焊机的输入控制 0V 对应焊接电源电流输出的 30A 电流，焊机的输入控制 10V 对应焊接电源电流输出的 350A 电流。

(6) 按照图 3-56～图 3-58 所示完成模拟量相关参数的设置。

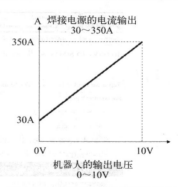

图 3-55 焊接电源的电流输出与机器人的输出电压之间的关系

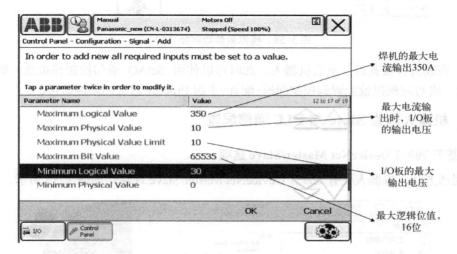

图 3-56 模拟量参数解释（1）

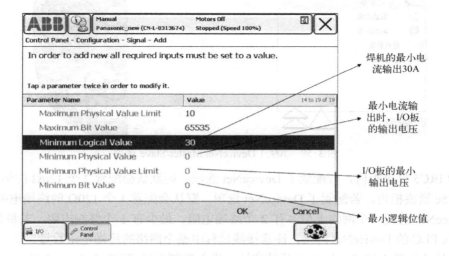

图 3-57 模拟量参数解释（2）

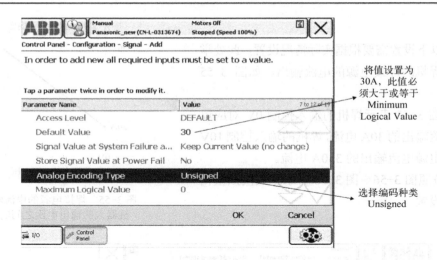

图 3-58 模拟量参数解释（3）

（7）完成所有设置后，重启机器人。此时可以使用 SetAO 语句控制模拟量。如果使用 Arc 功能，将对应模拟量配置到控制面板-配置-主题 Process 对应的功能即可。

3.1.14 机器人作为 Slave 与 PLC 通信配置

1. 基于 709-1 DeviceNet Master/Slave 选项

使用该方法，机器人要有 709-1 DeviceNet Master/Slave 选项，如图 3-59 所示。

图 3-59 709-1 DeviceNet Master/Slave 选项

ABB IRC5 标准柜内，若配置了 DeviceNet 选项，则默认会配置 2 个 120Ω 的终端电阻；ABB IRC5c 紧凑柜内，若配置了 DeviceNet 选项，默认会配置 1 个 120Ω 的终端电阻。

DeviceNet 总线一个网络上最多有 2 个终端电阻、最少有 1 个终端电阻。若机器人作为 Slave 接入 PLC 的 DeviceNet 网络，注意接线过程中整个网络的终端电阻数量。

（1）修改机器人的 DeviceNet 从站地址。进入控制面板-配置-Industrial Network，选择 DeviceNet，如图 3-60 所示。

图 3-60　工业网络

（2）根据实际修改机器人 DeviceNet 的地址，如图 3-61 所示。

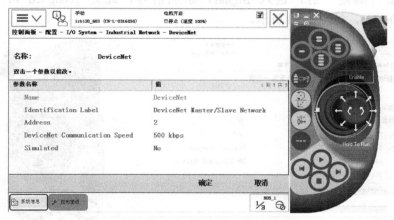

图 3-61　修改机器人 DeviceNet 的地址

（3）进入配置-DeviceNet Internal Device（机器人作为 Slave），如图 3-62 所示，根据实际修改输入/输出字节数，如图 3-63 所示。

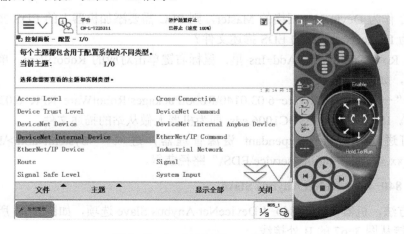

图 3-62　DeviceNet Internal Device

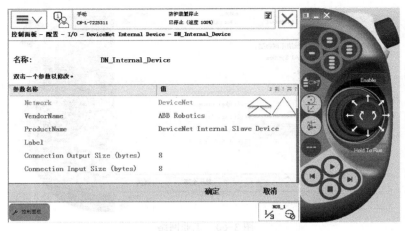

图 3-63 修改输入/输出字节数

(4)单击"确定"后,进入 Signal,添加信号,此处 Assigned to Device 选择 DN_Internal_Device,如图 3-64 所示。

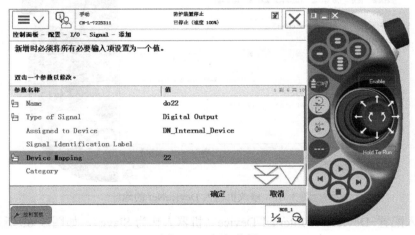

图 3-64 添加信号

(5)PLC 作为 DeviceNet 网络的 Master,则 PLC 需要添加机器人的 EDS 文件。如何获得机器人作为 DeviceNet 从站的 EDS 描述文件?

① 打开 RobotStudio,在 Add-Ins 里,鼠标右键单击对应的 RobotWare,单击"打开数据包文件夹",如图 3-65 所示。

② 进入"…\ABB.RobotWare-6.03.0140\RobotPackages\RobotWare_RPK_6.03.0140\utility\service\EDS"。IRC5_Slave_DSQC1006.eds 即为机器人做从站的描述文件。

③ 也可进入示教器-Flexpendant 资源管理器,进入"<SystemName>\PRODUCTS\<RobotWare_xx.xx.xxxx>\utility\service\EDS\"路径获得。

2. 基于 840-4 DeviceNet Anybus Slave

使用该方法,机器人要有 840-4 DeviceNet Anybus Slave 选项,如图 3-66 所示。机器人与 PLC 的连接从图 3-67 的 B 处接线。

第3章 通信配置

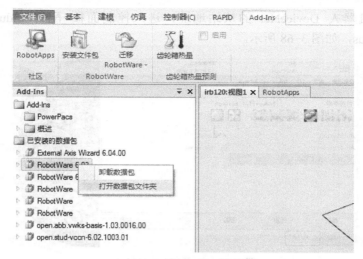

图 3-65　RobotStudio-Add-Ins

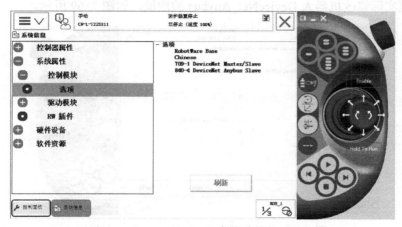

图 3-66　840-4 DeviceNet Anybus Slave 选项

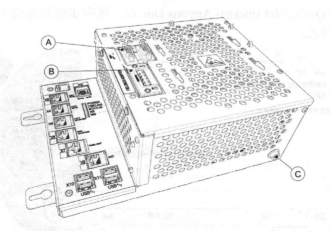

图 3-67　DeviceNet Anybus Slave 硬件

（1）修改机器人 DeviceNet 的从站地址，进入控制面板-配置-Industrial Network-DeviceNet_Anybus，如图 3-68 所示。

图 3-68　DeviceNet_Anybus

（2）根据实际修改机器人 DeviceNet_Anybus 的地址，如图 3-69 所示。

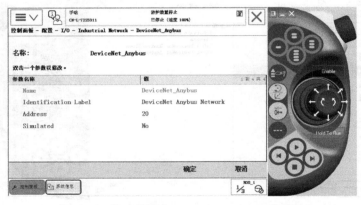

图 3-69　修改机器人 DeviceNet_Anybus 的地址

（3）进入配置-DeviceNet Internal Anybus Device，根据实际修改输入/输出字节数，如图 3-70 和图 3-71 所示。

图 3-70　DeviceNet Internal Anybus Device

第 3 章 通 信 配 置 ·75·

图 3-71 修改输入/输出字节数

（4）单击"确定"后，进入 Signal，添加信号，此处 Assigned to Device 选择 DN_Internal_Anybus，如图 3-72 所示。

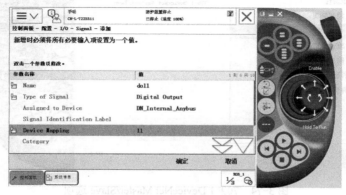

图 3-72 添加信号

（5）PLC 作为 DeviceNet 的 Master，需要添加机器人的 EDS 文件。如何获得机器人作为 DeviceNet_Anybus 从站的 EDS 描述文件？

① 打开 RobotStudio，在 Add-Ins 里，鼠标右键单击对应的 RobotWare，单击"打开数据包文件夹"，如图 3-73 所示。

图 3-73 RobotStudio-Add-Ins

② 进入"…\ABB.RobotWare-6.03.0140\RobotPackages\RobotWare_RPK_6.03.0140\utility\service\EDS"路径，DNET_FA.eds 即为机器人 DeviceNet_Anybus 的描述文件。

③ 也可进入示教器-Flexpendant 资源管理器，进入"<SystemName>\PRODUCTS\<RobotWare_xx.xx.xxxx>\utility\service\EDS\"路径获得。

3.1.15 机器人作为 Master，添加通用 DeviceNet 从站

现场有焊机一台，支持 DeviceNet 通信。焊机作为 DeviceNet 网络的 Slave，机器人作为 DeviceNet 的 Master，机器人则如何添加配置焊机？

机器人要有 709-1 DeviceNet Master/Slave 选项，如图 3-74 所示。

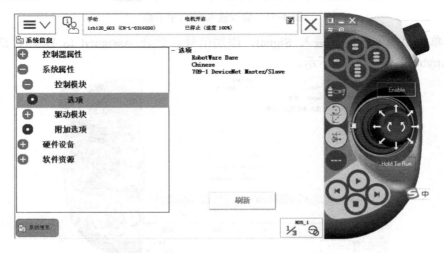

图 3-74 709-1 DeviceNet Master/Slave 选项

（1）进入控制面板-配置，主题选择 I/O System，选择"DeviceNet Device"，如图 3-75 所示。

图 3-75 选择"DeviceNet Device"

(2)模板选择"DeviceNet Generic Device",如图 3-76 所示。

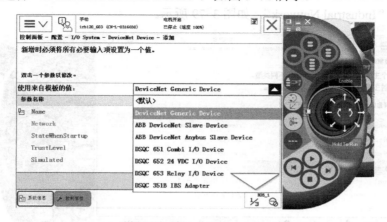

图 3-76　模板选择"DeviceNet Generic Device"

(3)依次输入设备的 DeviceNet 信息,如 VendorName 和 ProductName,如图 3-77 所示。

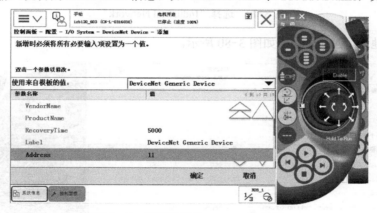

图 3-77　设置设备的 DeviceNet 信息

(4)单击"确定"后添加 Signal,此处 Assigned to Device 选择图 3-76 创建的通用设备,如图 3-78 所示。

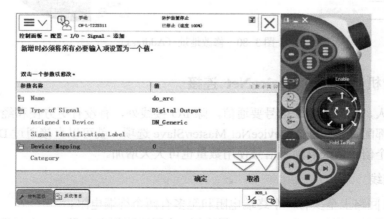

图 3-78　设置 Assigned to Device

(5) ABB 工业机器人作为 DeviceNet 主站时默认的地址为 2，也可修改。

(6) 选择"Industrial Network"，如图 3-79 所示。

图 3-79　选择"Industrial Network"

(7) 修改地址（Address），如图 3-80 所示。

图 3-80　修改地址（Address）

3.1.16　两台机器人通过 DeviceNet 连接

两台机器人，如果有多个信号要通信，除 I/O 接线外，有没有更方便和经济的方法？如果两台机器人都配置了 709-1 DeviceNet Master/Slave 选项，就可以直接通过 DeviceNet 总线通信，免去多个信号接线麻烦，信号使用数量也可大大增加。

1. 硬件接线

DeviceNet 回路上至少有一个终端电阻和至多有两个终端电阻。

如果两台机器人都是 IRC5 compact 紧凑柜，由于紧凑柜自身只有一个终端电阻，故两台机器人连接后的链路只有两个终端电阻，不需要拆除。

对于两台 IRC5 compact 紧凑柜，只需要把两台机器人的控制柜的 XS17 DeviceNet（见图 3-81）上的 2、4 引脚互联（1 和 5 引脚为柜子供电，不需要互联），原有终端电阻保持（不要拿掉）。

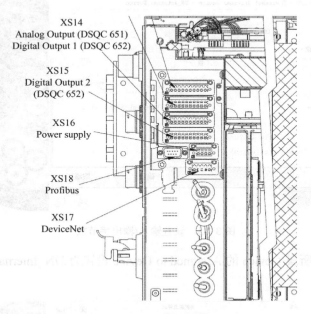

图 3-81　紧凑柜 DeviceNet 接线端示意图

如果是两台 IRC5 标准柜，因为每个控制柜内本身就有两个终端电阻，在相应的 DeviceNet 接线处把两台柜子的 DeviceNet 引脚 2 和 4 互联（1 和 5 引脚为供电，不需要互联）。最后柜内各拆除一个终端电阻（保证整个链路上只有 2 个终端电阻）。

2. Slave 机器人的配置

（1）打开作为 Slave 的机器人，进入控制面板-配置-I/O-Industrial Network-DeviceNet，设置 Slave 的地址（默认为 2，如果 Master 为 2，Slave 不能为 2，可以改为 3），如图 3-82 所示。

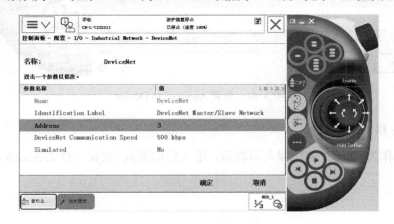

图 3-82　设置 Slave 的地址

（2）进入控制面板-配置-I/O-DeviceNet Internal Device，设置输入/输出字节数，如图3-83所示。

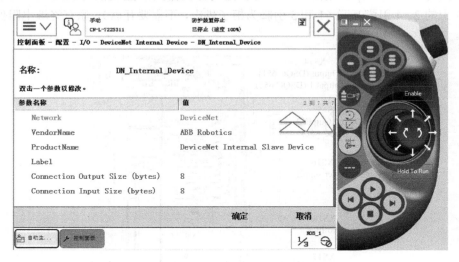

图3-83　设置输入/输出字节数

（3）建立信号，所属Device的Assigned to Device设置为DN_Internal_Device，如图3-84所示。

图3-84　设置Assigned to Device

3. Master机器人的配置

（1）打开作为Master的机器人示教器，进入控制面板-配置-I/O-DeviceNet Device，如图3-85所示。

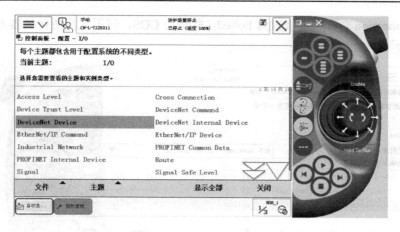

图 3-85 DeviceNet Device

(2) 选择从站机器人模板为"ABB DeviceNet Slave Device",如图 3-86 所示。

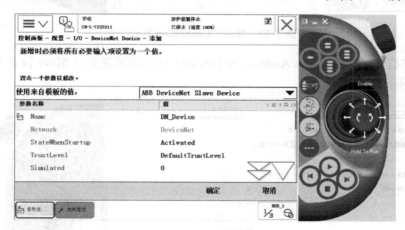

图 3-86 选择从站机器人模板

(3) 修改对应 Slave 的地址,如图 3-87 所示。

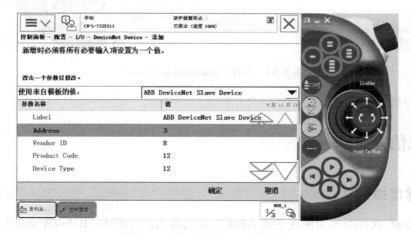

图 3-87 修改对应 Slave 的地址

（4）"Connection Type"要修改为 Polled（默认为 COS，但不支持两台机器人之间通信），如图 3-88 所示。

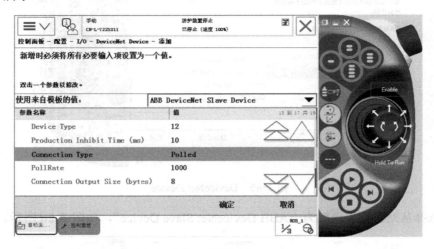

图 3-88　修改"Connection Type"

（5）建立信号，所属设备（Assigned to Device）选择刚刚建立的 Slave 设备 DN_Device，如图 3-89 所示。

图 3-89　选择"Assigned to Device"

（6）重启后即可测试。

3.2　虚拟信号

3.2.1　创建虚拟信号

RobotWare6 软件版本为现在主流 ABB 工业机器人软件版本。RobotWare6 里创建虚拟信号与之前的 RobotWare5 版本有不少差异，在此简述。

（1）进入示教器-控制面板-配置-I/O-Signal-添加，新建信号。

（2）对于虚拟信号，只需要设置"Name"和"Type of Signal"即可，其余不用设置，如图 3-90 所示。完成其他信号配置后重启即可使用。

图 3-90　配置虚拟信号

3.2.2　创建虚拟单元

RobotWare6 里创建虚拟信号的方法在 3.2.1 节已经讲述。

若希望在办公室完成现场的虚拟调试，那如果建立真实的 Device 并配置信号，可能由于设备不存在或者设备不在线而报错，无法调试。同时又希望在办公室完成的信号调试到现场简单修改即可使用（若使用 3.2.1 节所述创建的虚拟信号，由于没有配置对应的 Device，到现场后需要对每个信号再次配置 Device，工作量大）。此时可以创建一个虚拟 Device，然后把信号设置在对应虚拟的 Device 上即可。

（1）如果机器人有 DeviceNet 选项，进入示教器-控制面板-配置-I/O-DeviceNet Device，如图 3-91 所示。若机器人有其他总线选项，也可选择其他总线。

图 3-91　DeviceNet Device

（2）"使用来自模板的值"选择"默认"，设置 Device 的 Name，Simulated 设置为 1，即该 Device 为虚拟 Device，如图 3-92 所示。

图 3-92　设置 Device 的相关参数

（3）此时再创建信号，即可选中该虚拟单元，如图 3-93 所示。

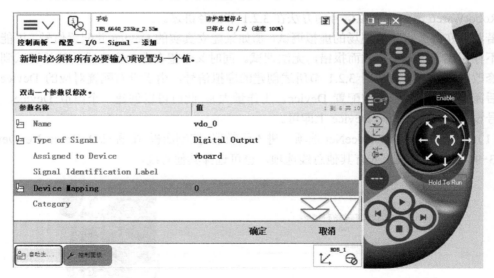

图 3-93　选中虚拟单元

（4）使用该虚拟单元完成测试。
（5）到现场后，只需要修改该 Device 的 Simulated 为 0 即可使用。
（6）如图 3-94 所示为查看虚拟 Device 下的虚拟信号。

第3章 通信配置

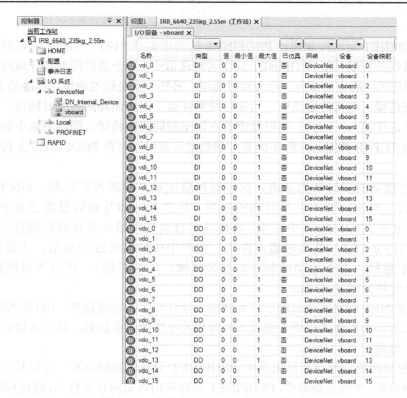

图3-94 查看虚拟Device下的虚拟信号

3.3 PROFINET

3.3.1 PROFINET概述

PROFINET是一种创新的、开放的工业以太网标准。PROFINET满足自动化技术的所有要求，使用PROFINET总线，可以实现用于工厂自动化、过程自动化和安全性应用的解决方案，以及直到时钟同步运动控制的整个驱动技术应用范围的解决方案。

PROFINET由PROFIBUS国际组织（PROFIBUS International，PI）推出，是新一代基于工业以太网技术的自动化总线标准。作为一项战略性的技术创新，PROFINET为自动化通信领域提供了一个完整的网络解决方案，囊括了诸如实时以太网、运动控制、分布式自动化、故障安全和网络安全等当前自动化领域的热点话题，并且作为跨供应商的技术，可以完全兼容工业以太网和现有的现场总线（如PROFIBUS）技术。

（1）分散式现场设备（PROFINET I/O）简单的现场设备使用PROFINET I/O集成到PR0FINET，并用PROFIBUS DP中熟悉的I/O来描述。这种集成的本质特征是使用分散式现场设备的输入和输出数据，然后由PLC用户程序进行处理。PROFINET I/O模型与PROFIBUS DP中的模型类似，设备属性用基于XML的描述文件（GSD）来描述。在组态过程中将分散式现场设备分配给一个控制器。这样，过程数据就能在控制器和现场设备之间交换。

（2）PROFINET 运动控制通过 PROFINET 的同步实时（IRT）功能，可以轻松实现对伺服运动控制系统的控制。在 PROFINET 同步实时通信中，每个通信周期被分成两个不同的部分，一个是循环的、确定的部分，称为实时通道；另外一个是标准通道，标准的 TCP/IP 数据通过这个通道传输。在实时通道中，为实时数据预留了固定循环间隔的时间窗，而实时数据总是按固定的次序插入。因此，实时数据就在固定的间隔被传送，循环周期中剩余的时间用来传递标准的 TCP/IP 数据。两种不同类型的数据就可以同时在 PROFINET 上传递，而且不会互相干扰。

（3）通过独立的实时数据通道，保证对伺服运动系统的可靠控制。PROFINET 通信有不同的层次。对时间要求并不苛刻的参数、组态数据和互联信息通过基于 TCP/UDP 和 IP 标准通道在 PROFINET 中传输。这是满足自动化网络与其他网络连接的先决条件。被称为 Real Ti·e（RT）的实时通道在工厂生产中传输实时过程数据。该通道在基于控制器的软件中运行。对于运动控制（如包装机械、印刷机械），使用等时同步实时技术（IRT），可使时钟抖动小于 1μs。

（4）PROFINET 网络安装起源于以太网在工业环境中的特殊需要。PROFINET 安装向导给工厂结构工程师和操作者提供安装以太网和相关电缆的简单规则，将设备接口的明确规范提供给设备制造商。

（5）IT 集成网络管理包括以太网中 PROFINET 设备的功能管理。这包括设备组态、网络管理和网络诊断。在网页集成中，PROFINET 充分利用以太网基本技术，通过标准的 Internet 技术获得 PROFINET 组件的使用权。为了保持与其他系统的连接，PROFINET 支持 OPCDA 和 DX。

（6）PROFINET 不仅可以用于工厂自动化场合，也同时面对过程自动化的应用。工业界针对工业以太网总线供电和以太网应用在本质安全区域的问题的讨论正在形成标准或解决方案。PROFIBUS 国际组织计划在 2006 年提出了 PROFINET 进入过程自动化现场级应用方案。通过代理服务器技术，PROFINET 可以无缝地集成现场总线 PROFIBUS 和其他总线标准。PROFIBUS 现场总线解决方案的 PROFINET 是过程自动化领域应用的最好的选择。

3.3.2 PROFINET 选项

ABB 工业机器人的 PROFINET 选项如下：

（1）888-2 PROFINET Controller/Device，该选项支持机器人同时作为 Controller 和 Device，机器人不需要额外的硬件。

（2）888-3 PROFINET Device，该选项仅支持机器人作为 Device，机器人不需要额外的硬件。

（3）840-3 PROFINET Anybus Device，该选项仅支持机器人作为 Device，机器人需要额外的 PROFINET Anybus Device 硬件。

888-2 PROFINET Controller/Device（888-3 PROFINET Device）选项可以直接使用控制器上的 LAN3 或者 WAN 口，如图 3-95 中的 X5 和 X6 端口。

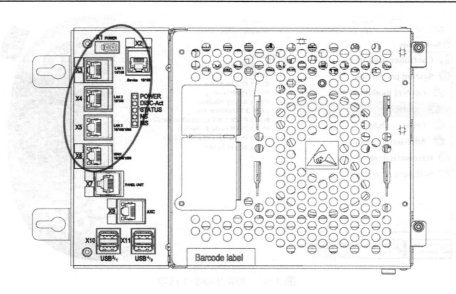

图 3-95 机器人控制器及其端口

840-3 PROFINET Anybus Device 选项需要添加额外的 PROFINET Anybus Device 硬件，如图 3-96 中的 B 部分。

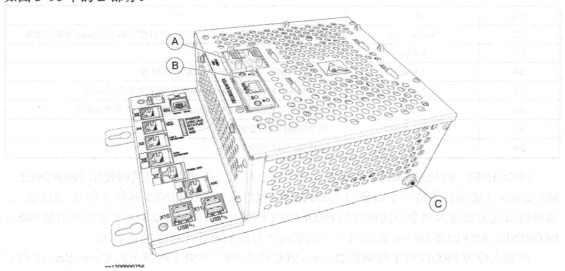

图 3-96 PROFINET Anybus Device 硬件

3.3.3 机器人作为从站与 PLC 通信配置

1. 基于 888-2/883-3 选项

使用该功能，要确认机器人有 888-2 PROFINET Controller/Device 选项或者 888-3 PROFINET Device 选项，如图 3-97 所示（PROFINET 选项能够在仿真工作站中配置，但不能在仿真环境中与真实 PLC 通信）。

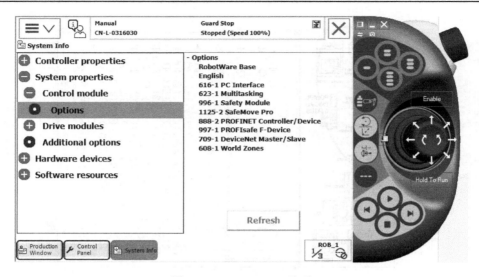

图 3-97　888-2/888-3 选项

机器人控制器的端口分布如图 3-95 所示，各端口的功能如表 3-11 所示。

表 3-11　机器人控制器各端口的功能

标签	名称	作用
X2	Service Port	服务端口，IP 固定为 192.168.125.1，可以使用 RobotStudio 等软件连接
X3	LAN1	连接示教器
X4	LAN2	通常内部使用，如连接新 I/O DSQC 1030 等
X5	LAN3	可以配置为 PROFINET/EtherNetIP/普通 TCP/IP 等通信端口
X6	WAN	可以配置为 PROFINET/EtherNetIP/普通 TCP/IP 等通信端口
X7	PANEL UNIT	连接控制柜内的安全板
X9	AXC	连接控制柜内的轴计算机

PROFINET 可以连接 WAN 口或者 LAN3 口。注意，不可两个口同时使用 PROFINET，888-2/888-3 选项仅支持一个口使用 PROFINET，机器人在 PROFINET 网络上的 IP 地址唯一。如果机器人需要接入两个不同网段的 PROFINET 网络，可以在 888-2/888-3 选项外增加 840-3 PROFINET ANYBUS DEVICE 选项（该选项由于另增加硬件，可以单设 IP）。

机器人作为 PROFINET 网络的 Device，PLC 作为 PROFINET 网络上的 Controller。在 PLC 端组态时就需要添加机器人的 GSDML 文件。

基于 888-2/888-3 选项的机器人 GSDML 文件可以从如下路径获得：

（1）打开 RobotStudio 软件，进入 Add-Ins，在左侧找到并鼠标右键单击对应的机器人 RobotWare 版本，单击"打开数据包文件夹"，如图 3-98 所示。

（2）进入 "C:\ProgramData\ABB Industrial IT\Robotics IT\DistributionPackages\ABB.RobotWare-6.08.0134\RobotPackages\RobotWare_RPK_6.08.0134\utility\service\GSDML" 路径，GSDML-V2.33-ABB-Robotics-Robot-Device-20180814.xml 就是基于 888-2/888-3 选项的 GSDML 文件。

图 3-98　RobotStudio-Add-Ins

（3）也可进入示教器-Flexpendant 资源管理器，进入"<SystemName>\PRODUCTS\<RobotWare_xx.xx.xxxx>\utility\service\GSDML\"路径获取对应的 GSDML 文件（该方法仅可在真实机器人上获得）。

本小节举例机器人使用 WAN 口连接 PROFINET 网络。

（1）进入示教器-控制面板-配置，主题选择 Communication，如图 3-99 所示。

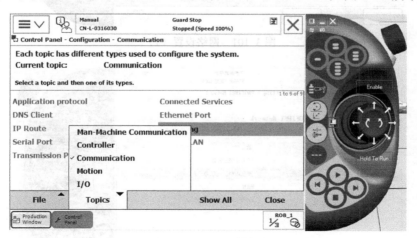

图 3-99　配置 Communication 主题

（2）进入 IP Setting，选择"PROFINET Network"（机器人有 PROFINET 选项后，此处会自动出现 PROFINET Network，无须人为添加），如图 3-100 所示。

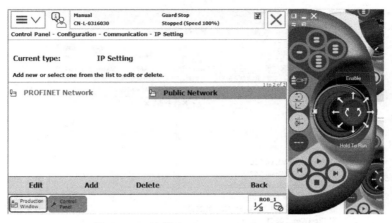

图 3-100　选择"PROFINET Network"

（3）修改 IP 地址和子网（Subnet），如图 3-101 所示，并选择对应的网口（Interface）为 WAN（见图 3-102）。注意，Label 内容不要修改，完成后重启。

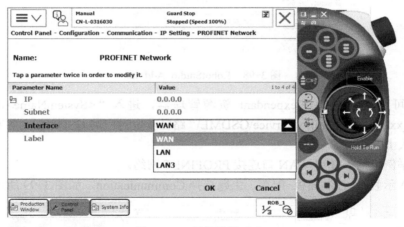

图 3-101　网络设置（1）

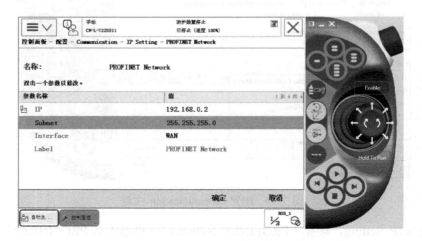

图 3-102　网络设置（2）

(4)进入控制面板-配置,主题(Topics)选择 I/O,如图 3-103 所示。选择 "Industrial Network",然后选择 "PROFINET"。

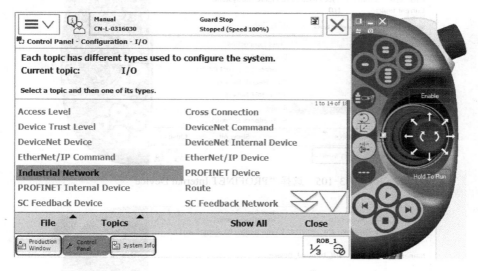

图 3-103　选择 "Industrial Network"

(5)设置 PROFINET Station Name,此处的名字要与 PLC 端组态时写入的机器人 Station 配置一致,如图 3-104 所示。

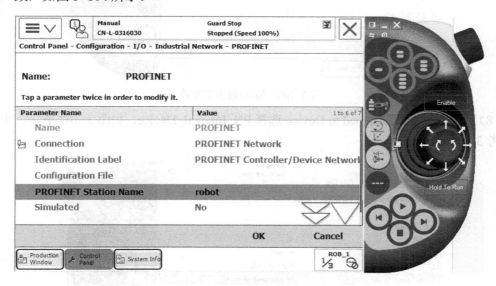

图 3-104　设置 PROFINET Station Name

(6)进入控制面板-配置,主题(Topics)选择 I/O,选择 "PROFINET Internal Device"(ABB 工业机器人作为网络通信从站,通常都使用 XX Internal Device),如图 3-105 所示。

(7)根据实际配置输入/输出字节数需与 PLC 端的配置一致,如图 3-106 所示。

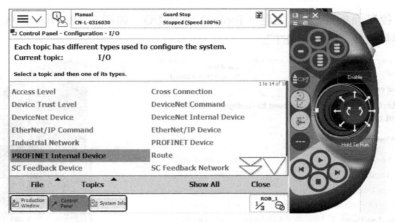

图 3-105 选择"PROFINET Internal Device"

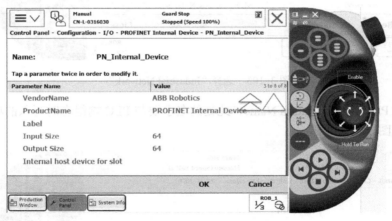

图 3-106 输入/输出字节数

（8）添加 Signal，Assigned to Device 选择 PN_Internal_Device，如图 3-107 所示。其他设置参考 3.1.4 节。

图 3-107 设置 Assigned to Device

以上为在示教器端配置 PROFINET 从站的方法。在 RobotStudio6.08 版本后，引入了在 RobotStudio 端快速配置 PROFINET Device 的方法。

（1）打开 RobotStudio，单击"控制器"-"配置"-"I/O 配置器"，如图 3-108 所示。

图 3-108　I/O 配置器

（2）打开 RobotStudio 单击"控制器"下的"请求权限"图标，等待示教器的授权。

（3）单击左侧的"IP 设置"-"PROFINET Network*"，在右侧的属性里设置 IP 和 Subnet，选择使用的网口（Interface），如 WAN，如图 3-109 所示。

图 3-109　设置网络信息

（4）单击左侧"I/O System"下的"PROFINET"-"Device"，在右侧的属性中修改 PROFINET Station Name（该 Name 需要与 PLC 端对组态时写入的机器人名字一致），如图 3-110 所示。

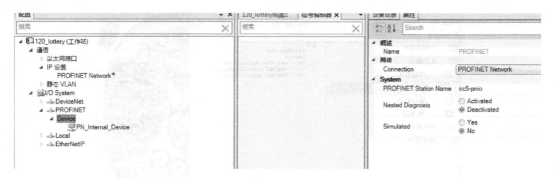

图 3-110　设置 PROFINET Station Name

（5）单击"PN_Internal_Device"，修改设备的输入/输出字节数，如图 3-111 所示。

图 3-111 修改设备的输入/输出字节数

(6) 在"信号编辑器"下创建信号,如图 3-112 所示。

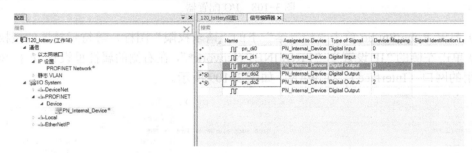

图 3-112 创建信号

(7) 完成所有配置后,单击"写入配置"进行下载。完成后重启机器人。

2. 基于 840-3 PROFINET Anybus Device 选项

使用该方法,机器人要有 840-3 PROFINET Anybus Device 选项,如图 3-113 所示。该选项通常适用于机器人接入两个不同网段的 PROFINET 网络。该选项由于采用附加硬件,可以设置不同于 888-2/888-3 选项的 IP 地址。机器人与 PROFINET 网络的连接使用图 3-114 的 B 处网口。

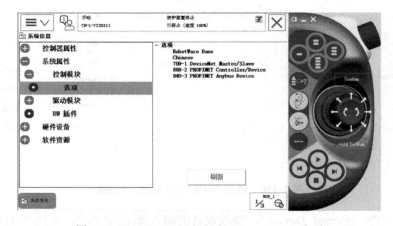

图 3-113 840-3 PROFINET Anybus Device 选项

第 3 章 通信配置

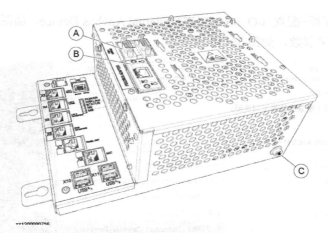

图 3-114 840-3 PROFINET Anybus Device 选项的硬件

（1）修改机器人 PROFINET Device 的地址，单击"控制面板"-"配置"-"Industrial Network"-"PROFINET_Anybus"，如图 3-115 所示。

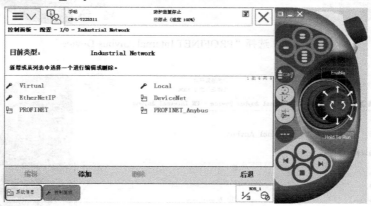

图 3-115 PROFINET_Anybus

（2）根据实际修改 IP 地址、子网掩码（Subnet Mask）和网关（Gateway）等参数，如图 3-116 所示。

图 3-116 修改网络信息

（3）进入控制面板-配置-I/O-PROFINET Internal Anybus Device，如图 3-117 所示，根据实际修改输入/输出字节数，如图 3-118 所示。

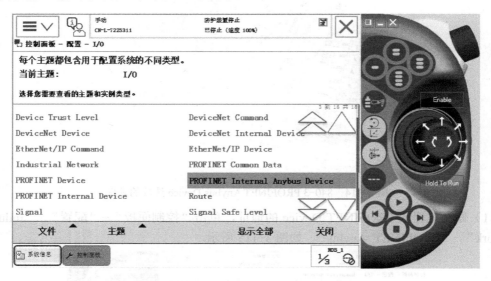

图 3-117　选择"PROFINET Internal Anybus Device"

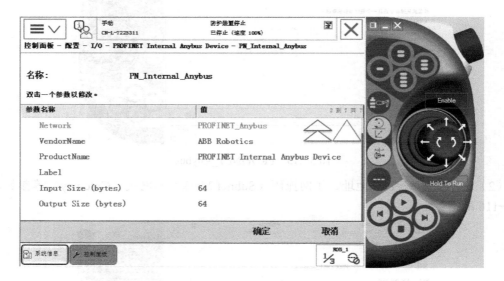

图 3-118　设置输入/输出字节数

（4）单击"确定"后，进入 Signal，添加信号，此处 Assigned to Device 选择 PN_Internal_Anybus，如图 3-119 所示。其他设置参考 3.1.4 节。

（5）获取 PROFINET Anybus Device 选项的 GSDML 文件。

（6）打开 RobotStudio，在 Add-Ins 里，鼠标右键单击对应的 RobotWare，单击"打开数据包文件夹"，如图 3-120 所示。

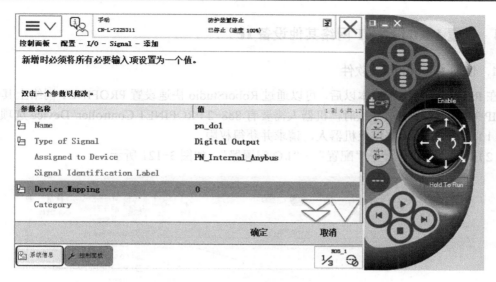

图 3-119 添加信号

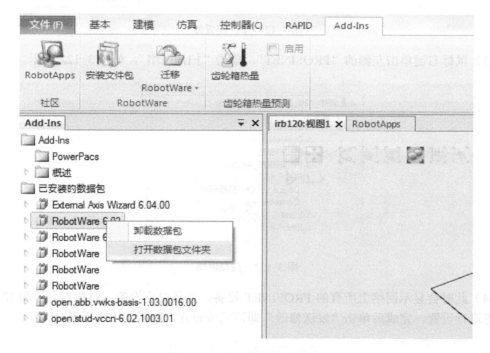

图 3-120 打开数据包文件夹

(7) 进入"…\ABB.RobotWare-6.03.0140\RobotPackages\RobotWare_RPK_6.03.0140\utility\service\GSDML"路径，GSDML-V2.0-PNET-Anybus-20100510.xml 即为机器人 PROFINET Anybus 的描述文件。

(8) 也可进入示教器-Flexpendant 资源管理器，进入"<SystemName>\PRODUCTS\<RobotWare_xx.xx.xxxx>\utility\service\GSDML\"路径获得。

3.3.4 设置 PROFINET 网络其他设备 IP

1. 使用 RobotStudio 软件

在 RobotStudio6.08 版本以后，可以通过 RobotStudio 快速设置 PROFINET 网络上其他设备的 IP 等信息。使用该方法时，机器人需要有 888-2 PROFINET Controller/ Device 选项。

（1）RobotStudio 连接上机器人，请求并获得权限。

（2）单击"控制器"-"配置"-"I/O 配置器"，如图 3-121 所示。

图 3-121 I/O 配置器

（3）鼠标右键单击左侧的"PROFINET"，单击"扫描网络"，如图 3-122 所示。

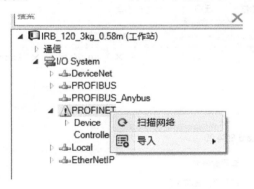

图 3-122 扫描网络

（4）此时会显示网络上所有的 PROFINET 设备。选择对应设备，对站点名称和 IP 地址等信息进行设置。完成后单击"发送修改"即可完成设置，如图 3-123 所示。

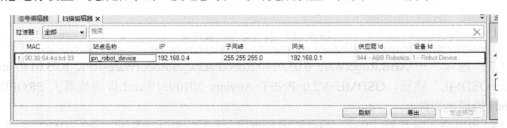

图 3-123 设置 Device 信息

2. 使用 NetNames+软件

若没有 RobotStudio 软件或者机器人系统的版本较老,则可以使用第三方软件 NetNames+ (属于菲尼克斯 PROFINET Configurator 软件中的一部分) 对 PROFINET 网络上的 Device 进行设置。

(1) 到以下地址下载软件: https://new.abb.com/products/robotics/RobotStudio/downloads, 如图 3-124 所示。

(2) 解压下载的文件,按 "…\RobotWare Tools and Utilities 6.07.01\Utilities\Fieldbus\Profinet\PROFINET Configurator.exe" 路径安装文件。

(3) 软件安装完毕后 (使用时需要关闭电脑上的杀毒软件),建议将电脑的 IP 地址设定为 PROFINET 同网段 (不要与网络上任何设备采用相同 IP 地址)。注意,使用时需要关闭电脑上的杀毒软件。

(4) 单击"开始"菜单,在 PHOENIX CONTACT Software 下找到 Netnames+,如图 3-125 所示。

图 3-124　下载软件　　　　　　　　图 3-125　Netnames+

(5) 打开软件,单击"Refresh"按钮,NetNames+会显示 PROFINET 网络上的所有设备,如图 3-126 所示。

图 3-126　NetNames+软件界面

(6) 找到要修改的设备,设置 Device Name、IP 地址和子网掩码 (Subnet Mask) 等信息,如图 3-127 所示。

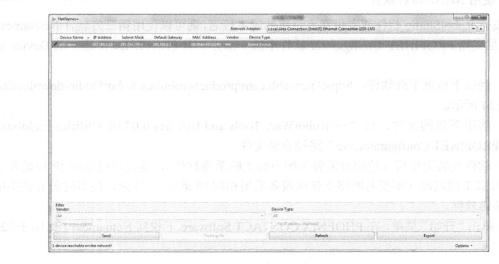

图 3-127　修改在线设备信息

（7）单击"Send"按钮。该设备 Device 的 IP 和 Station Name 等信息设置完毕。

3.3.5　机器人作为 Controller，添加从站模块

1. 采用 PROFINET Configurator 软件

ABB 工业机器人也可作为 PROFINET 网络上的 Controller，类似 PLC 作为 Controller。机器人作为 PROFINET 网络的 Controller，首先需要在本地完成对其他设备的组态，之后机器人端再添加信号等内容。

机器人要作为 Controller，必须有 888-2 PROFINET Controller/Device 选项，如图 3-128 所示。做虚拟工作站练习时，可以在创建系统的时候添加 888-2 PROFINET Controller/Device，选项如图 3-129 所示。注意，虚拟仿真工作站可以完成配置，但无法与真实 PLC 通信。

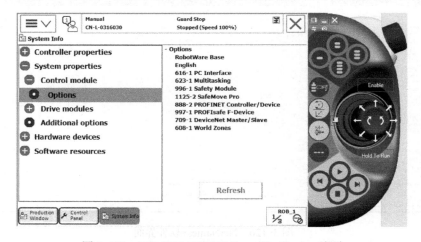

图 3-128　888-2 PROFINET Controller/Device 选项

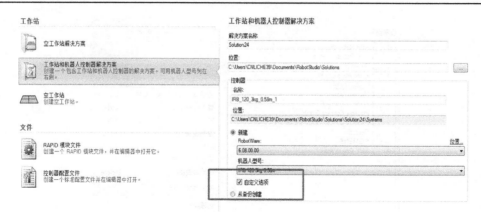

图 3-129 创建系统时选择"自定义选项"

机器人可以使用 WAN 或者 LAN3 口进行 PROFINET 通信，本小节以 WAN 口作为示例。配置主要分为三部分：

（1）设置机器人 PROFINET 网口及 IP 地址。
（2）使用第三方软件完成网络组态并生成配置文件 IPPNIO.xml。
（3）导入配置文件，在机器人侧添加设备与信号。

设置机器人 PROFINET 网口及 IP 地址的方法同设置机器人做 Device 部分，参考 3.3.3 节内容。使用第三方软件完成网络组态并生成配置文件 IPPNIO.xml。

（1）机器人配置 PROFINET 主站需要用到专门的软件，此处举例 PROFINET Configurator。
（2）从以下地址下载获取软件：https://new.abb.com/products/robotics/RobotStudio/downloads，如图 3-130 所示。
（3）解压下载文件，进入"…\RobotWare Tools and Utilities 6.07.01\Utilities\Fieldbus\Profinet\PROFINET Configurator.exe"路径并安装软件。

图 3-130 下载软件

（4）打开 PROFINET Configurator 软件（可以从 PC 的"开始"菜单搜索并打开）。
（5）单击"保存"图标，根据提示修改配置文件的名称，如图 3-131 所示。

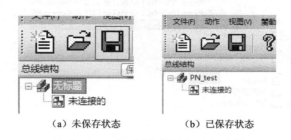

（a）未保存状态　　（b）已保存状态

图 3-131 新建文件的状态

（6）在左下角的"设备类别"区域，单击鼠标右键，单击"导入 GSD 文件"，将需要导入的 GSD 文件导入，如图 3-132 所示。

图 3-132　导入 GSD 文件

（7）此处举例 1#机器人作为 PROFINET 上的 Controller，2#机器人作为 Device。导入 2#机器人的 GSD 文件（添加焊机控制器和水汽单元等的方法类似）。

（8）作为 Device 的 2#机器人 PROFINET GSD 文件可以从如下路径获得：

…\ABB.RobotWare-6.06.1025\RobotPackages\RobotWare_RPK_6.06.1025\utility\service\GSDML\ GSDML-V2.33-ABB-Robotics-Robot-Device-20180814.xml。

（9）若 2#机器人使用 840-3 PROFINET Anybus Device 选项，使用 GSDML-V2.0-PNET-Anybus-20100510.xml 文件。

（10）添加机器人作为 Controller 的配置文件。选中左侧的 PN_TEST 节点，单击左下角的"设备类别"，选中 ABB 工业机器人 Controller 配置文件，并双击加入，如图 3-133 所示。

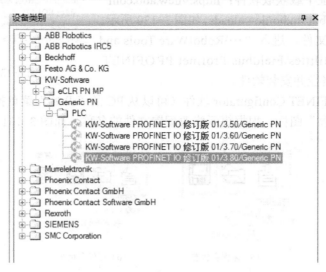

图 3-133　添加机器人 Controller 信息

（11）修改 PROFINET 设备的名称、IP 地址和子网掩码等信息（此处均为 Controller 机器人信息），如图 3-134 所示。PROFINET 设备的名称要与机器人（示教器端）设置的 PROFINET Station Name 一致。PROFINET 设备的名称不建议使用下划线，易出错，可以使用短横杠。IP 地址等信息也要与机器人端设置的 PROFINET IP 一致。

图 3-134 设置 Controller 信息

（12）单击左侧最上的节点（图 3-135 中的 PN_test 位置），设置本 PROFINET 网络上的第一个 IP 地址和最后的 IP 地址等信息。

图 3-135 设置网络信息

（13）选中总线结构 PROFINET 网络，双击左下角"设备类别"中需要添加的 Device 设备（此处举例添加另一个机器人作为从站），完成添加，如图 3-136 所示。

图 3-136 添加 Device

(14) 设置 Device 设备的网络信息。选中左侧设备的节点，修改右侧 Device 的 IP 地址和 PROFINET 设备的名称等信息（见图 3-137）。此处 PROFINET 设备的名称需要与 Device 从站设备设置的 PROFINET 设备的名称一致。此处举例 Device 的 IP 地址为 192.168.0.3。

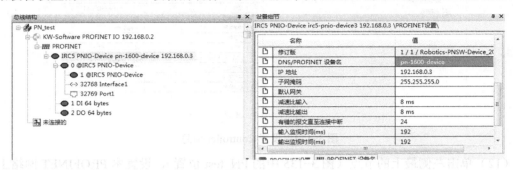

图 3-137　设置 Device 信息

(15) 添加 Device 设备的输入/输出，此处举例 Device 为 64 bytes Input 和 64 bytes Output。

(16) 选择 Device 设备的节点，双击右侧的 DI 64 bytes 节点，如图 3-138 所示。完成后如图 3-139 所示。

图 3-138　添加输入

图 3-139　输入添加完成

(17) 添加输出。选择左侧的 1 DI 64 bytes 节点，双击右侧的 DO 64 bytes 的节点，如图 3-141 所示。完成后如图 3-142 所示。

第 3 章 通 信 配 置

图 3-140 添加输出

图 3-141 输出添加完成

（18）同理，继续添加其他设备。

（19）完成所有配置，选中 PROFINET 节点，单击"检查"-"参数化"，生成 IPPINO.xml 文件（见图 3-142）。生成文件的路径为该项目的保存位置。

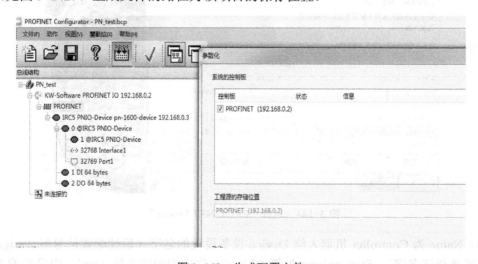

图 3-142 生成配置文件

（20）建议同时把生成的*.bcp 项目文件保存至机器人。后续可以通过打开对应的*.bcp 文件对项目工程编辑修改。

导入配置文件，在机器人侧添加设备与信号。

（1）将第（2）部分生成的 IPPINO.xml 文件复制至机器人的 HOME 文件夹中。

（2）进入示教器-控制面板-配置-I/O-Industrial Network，找到 PROFINET。

（3）Configuration File 填写 IPPNIO.xml，即之前放到 HOME 文件夹下的 IPPNIO.xml，PROFINET Station Name 设置成与配置软件里设置的 Controller 的 PROFINET Station Name 一致，如图 3-143 所示。

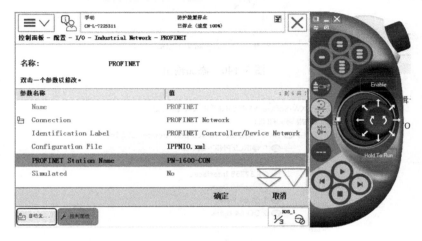

图 3-143　设置机器人信息

（4）在配置界面，选择"PROFINET Device"，单击"添加"，如图 3-144 所示。

图 3-144　选择"PROFINET Device"

（5）Name 为 Controller 机器人给 Device 设备设置的名字（后续配置信号时 Assigned to Device 就选择该名字）。StationName 为第（2）部分生成的配置文件（xml）中设置的 Device 名字（此处 StationName 必须和配置文件中 Device 设置的 PROFINET StationName 一致），如图 3-145 所示。

（6）创建 Signal，Assigned to Device 选择 pn_robot_slave，如图 3-146 所示。

第 3 章 通 信 配 置

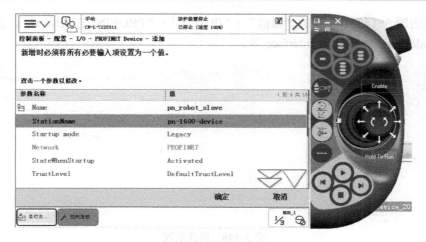

图 3-145 设置从站信息

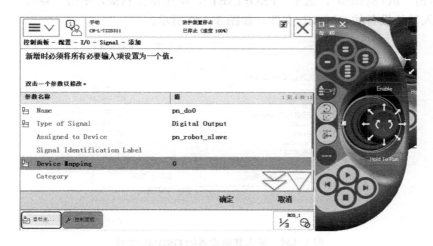

图 3-146 创建 Signal

2. 使用 RobotStudio6.08

从 RobotStudio6.08 版本开始，已经将 PROFINET 配置 Controller 的功能全部整合入 RobotStudio 软件，而不再需要使用第三方软件。

（1）打开 RobotStudio 软件，进入控制器-配置-I/O 配置器，如图 3-147 所示。

图 3-147 I/O 配置器

(2)单击图 3-148 中左侧的"通信"-"IP 设置"-"PROFINET Network",在右侧属性栏中设置 Address、Subnet 和 Interface 等。

图 3-148 属性设置

(3)单击"I/O System",选中"PROFINET",单击鼠标右键,单击"导入"-"GSDML 文件",导入其他设备的 GSDML 文件,如图 3-149 所示。

图 3-149 导入其他设备的 GSDML 文件

(4)单击左侧的"PROFINET",在右侧属性栏中输入作为 PROFINET Controller 机器人的 PROFINET Station Name,如图 3-150 所示。

图 3-150 设置 Controller 机器人信息

(5) 单击左侧的"Controller",在右侧"设备目录"中选中要添加的 Device,双击添加,如图 3-151 所示(此处举例添加 55255 MVK DI8 DO8 POF IRT 模块)。

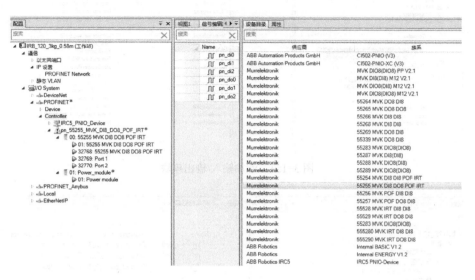

图 3-151 添加模块

(6) 选中新加入的 MVK 模块,在右侧属性栏中设置 Device 的 PROFINET Station Name 和 IP 地址等信息,如图 3-152 所示。

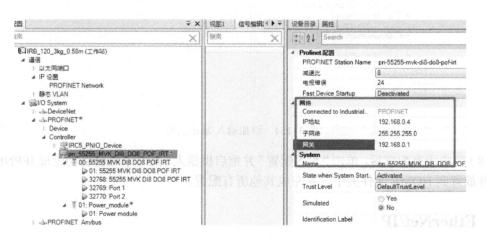

图 3-152 设置 Device 信息

(7) 选中左侧的 MVK 模块,在右侧"设备目录"中根据需要添加输入/输出模块,如图 3-153 所示。

(8) 单击左侧的 Outputs 模块,在"信号编辑器"下添加输出信号。同理,添加输入信号,如图 3-154 所示。

图 3-153 添加输入/输出模块

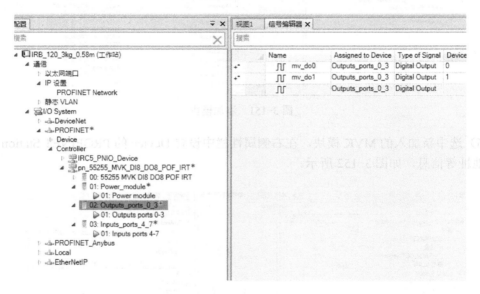

图 3-154 添加输入/输出信号

（9）完成所有配置后，单击"写入配置"并重启机器人。此时系统会自动生成 IPPNIO.xml 文件并放置到 HOME 文件夹中，并完成其他所有配置。

3.4 EtherNet/IP

3.4.1 EtherNet/IP 概述

EtherNet/IP 是适合工业环境应用的协议体系，它是由 ODVA（Open DeviceNet Vendors Asso-cation）和 Control Net International 两大工业组织推出的最新成员。与 DeviceNet 和 ControlNet 一样，它们都是基于 CIP（Controland Information Proto-Col）协议的网络。它是一种是面向对象的协议，能够保证网络上隐式（控制）的实时 I/O 信息和显式信息（包括用于组态、参数设置和诊断等的信息）的有效传输。

EtherNet/IP 采用和 DeviceNet 与 ControlNet 相同的应用层协议 CIP。因此，它们使用相同的对象库和一致的行业规范，具有较好的一致性。EtherNet/IP 采用标准的 EtherNet 和 TCP/IP 技术传送 CIP 通信包，这样通用且开放的应用层协议 CIP 加上已经被广泛使用的 EtherNet 和 TCP/IP 协议就构成了 EtherNet/IP 协议的体系结构。

3.4.2 EtherNet/IP 选项

ABB 工业机器人的 EtherNet/IP 选项如下：

（1）841-1 EtherNet/IP Scanner/Adapter，该选项支持机器人同时作为 Scanner 和 Adapter，机器人不需要额外的硬件。可以使用控制器的 LAN3 口及 WAN 口。

（2）840-1 EtherNet/IP Anybus Adapter，该选项仅支持机器人作为 Adapter，机器人需要额外的 EtherNet/IP Anybus Device 硬件。该选项通常用于机器人作为 Scanner 和 Adapter 的 IP 地址处于不同网段）。

840-1 EtherNet/IP Anybus Adapter 选项对应的硬件位置如图 3-156 中的 B 处。如表 3-12 所示为 840-1 EtherNet/IP Anybus Adapter 硬件清单。

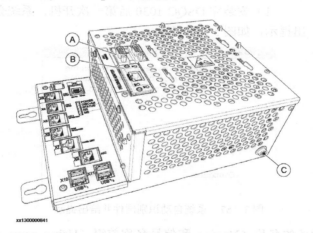

图 3-155　B 处为 840-1 EtherNet/IP Anybus Adapter 选项对应的硬件设置

表 3-12　840-1 EtherNet/IP Anybus Adapter 硬件清单

	描　　述	型　　号	物　料　号
A	Anybus Adapter / RS232 expansion board	DSQC 1003	3HAC046408-001
B	EtherNet/IP Anybus Adapter	DSQC 669	3HAC027652-001
C	Ground connection for ESD bracelet		

3.4.3 新 I/O DSQC 1030 模块配置

ABB 工业机器人逐渐开始使用 DSQC 1030，如图 3-156 所示，也称作 LocalIO，代替原有的 DSQC 652 I/O 板。该硬件基于 EtherNet/IP 总线（DSQC 652 基于 DeviceNet 总线）。使用 DSQC 1030、DSQC 1031、DSQC 1032 等 LocalIO，机器人不需要额外配置选项。如果机

器人需要作为 Scanner 连接其他 EtherNet/IP Adapter 或者机器人作为 EtherNet/IP Adapter 从站连接其他设备的 Scanner，仍需要购买选项 841-1EtherNet/IP Scanner/Adapter 选项。

关于 DSQC 1030 的硬件连接：

（1）出厂会默认把 X5 端口（设备底部）与控制器上的 X4：LAN2 口连接。

（2）硬件最上端的 X4 为设备 24V 供电，默认已经从控制柜门上的 XT31 端引电过来。

（3）X1 端为输出端，其中 PWR DO 和 GND DO 为 DO 信号的 24V 和 0V，需要单独接入电源（也可从 XT31 引电），与 DSQC 652 板卡的 X1 端的引脚 9 和引脚 10 相同。

（4）X2 端为输入端，其中 GND DI 为 DI 信号的 0V，需要单独引入电源 0V（也可从 XT31 接线）。

（5）输入信号为 1 或者输出信号被置 1 后，对应的指示灯会亮起。

配置方法：

（1）安装完 DSQC 1030 后第一次开机，系统会自动识别硬件并给出提示，如图 3-157 所示。

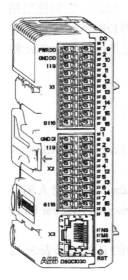

图 3-156　DSQC 1030

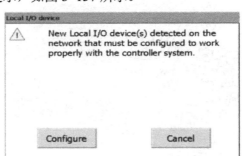

图 3-157　系统自动识别硬件并给出提示

（2）提示设置设备的名称（Name）和信号名称前缀（Using name prefix）等信息，如图 3-158 所示。完成配置后，系统自动分配 16DI 和 16DO，如图 3-159 所示。

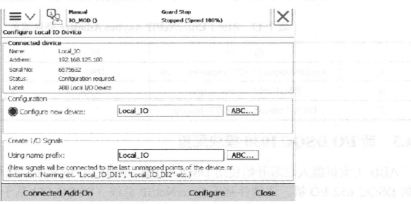

图 3-158　设置设备的名称（Name）和信号名称前缀（Using name prefix）等信息

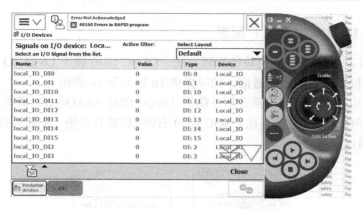

图 3-159　系统自动分配 16DI 和 16DO

(3) 若开机错过配置提示，也可进入示教器-控制面板-配置-EtherNet/IP Device，单击"添加"。

(4) 选择"ABB Local I/O Device"模板，地址（Address）默认为 192.168.125.100，如图 3-160 所示。

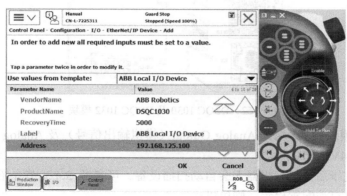

图 3-160　选择"ABB Local I/O Device"模板

(5) 添加 Signal，方法参考 3.1.3 节的内容，所属设备（Assigned to Device）选择 Local_IO，如图 3-161 所示。

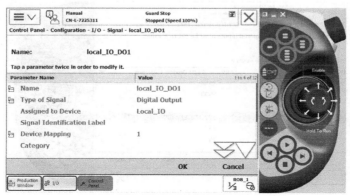

图 3-161　设置 Assigned to Device

3.4.4　DSQC 1032（模拟量）配置

3.4.3 节介绍了 DSQC 1030 模块的配置方法。DSQC 1030 属于 Local_IO 中的基础模块。自身完成模块与机器人控制器的通信，同时提供 16 输入和 16 输出。

若现场要使用模拟量模块，需要额外购买 DSQC 1032（4AO4AI）模块。此模块属附加模块，安装时，DSQC 1032 直接挂在 DSQC 1030 右侧（后端有卡槽，见图 3-162），DSQC 1032 与 DSQC 1030 通过光纤通信。

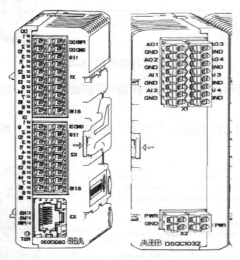

图 3-162　DSQC 1030 及 DSQC 1032 模块

DSQC 1032 模块的 X1 端为 Analog Output（模拟输出信号）及 Analog Input（模拟输入信号），X2 端为 24V 及 0V。

第一次安装完毕后开机，机器人会自动扫描设备。可参考 3.4.3 节介绍的开机自动配置方法。若错过开机自动配置提示，则可以：

（1）进入控制面板-配置-EtherNet/IP Device，单击"添加"。

（2）选择 ABB Local I/O Device+Analog 模板，地址（Address）为 192.168.125.100，如图 3-163 所示。

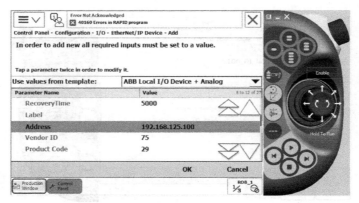

图 3-163　选择 ABB Local I/O Device+Analog 模板

（3）添加模拟信号的方法与在 DSQC 651 板卡中添加模拟信号的方法类似（见图 3-164），可以参考 3.1.13 节内容。模拟信号的地址如表 3-13 所示。

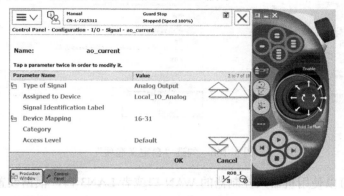

图 3-164　添加模拟信号

表 3-13　模拟信号的地址

	地址
AI1	
AI2	16～31
AI3	32～47
AI4	48～63
AO4	64～79
AI1	16～31
AI1	32～47
AI1	48～63
AI1	64～79

3.4.5　机器人作为从站与 PLC 通信配置

1. 基于 841-1 EtherNet/IP Scanner/Adapter 选项

首先确认机器人已经有 841-1 EtherNet/IP Scanner/Adapter 选项，如图 3-165 所示。若没有，在建立虚拟系统时，可以先勾选图 3-166 中的"自定义选项"，添加 841-1 EtherNet/IP Scanner/Adapter 选项。

图 3-165　841-1 EtherNet/IP Scanner/Adapter 选项

图 3-166 勾选"自定义选项"

EtherNet/IP 可以使用机器人控制器的 WAN 口或者 LAN3 口，根据设置连接。注意不可两个网口都作为 EtherNet/IP，841-1 EtherNet/IP Scanner/Adapter 选项仅支持一个网口作为 EtherNet/IP，且 IP 地址唯一。如果机器人需要接入两个不同网段的 EtherNet/IP 网络，可以在 841-1 EtherNet/IP Scanner/Adapter 选项外，增加 840-1 EtherNet/IP Anybus Adapter 选项（该选项由于另增加硬件，可以单设 IP）。

（1）基于 841-1 EtherNet/IP Scanner/Adapter 选项的机器人 EDS 文件可以从"C:\Program Data\ABB Industrial IT\Robotics IT\DistributionPackages\ABB.RobotWare-6.08.0134\RobotPackages\RobotWare_RPK_6.08.0134\utility\service\EDS"路径获得，ENIP.eds 就是基于 841-1 EtherNet/IP Scanner/Adapter 选项的 EDS 文件。

（2）也可进入示教器-Flexpendant 资源管理器，进入"<SystemName>\PRODUCTS\<RobotWare_xx.xx.xxxx>\utility\service\ EDS \"路径获取对应的 EDS 文件（该方法仅可在真实机器人上获得）。

（3）进入示教器-控制面板-配置，主题选择 Communication，选择 IP Setting，如图 3-167 所示。

图 3-167 选择"IP Setting"

（4）进入 IP Setting，编辑已有 EtherNet/IP 网络的 IP 和 Subnet 等，并选择网口（Interface），此处举例选择 LAN3。

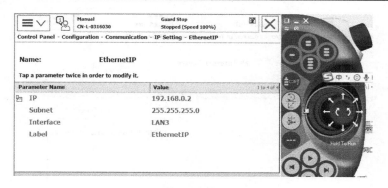

图 3-168 设置 IP 等信息

(5) 进入示教器-控制面板-配置,主题选择 I/O,进入 Industrial Network,找到 EtherNet/IP,Connection 选择(4)中设置网口的 Label,如图 3-169 所示。

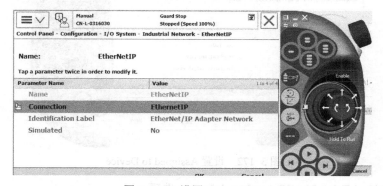

图 3-169 设置 Connection

(6) 进入控制面板-配置,主题选择 I/O,选择"EtherNet/IP Internal Device",如图 3-170 所示。

图 3-170 选择"EtherNet/IP Internal Device"

(7) 修改输入字节数(InputSize)和输出字节数(OutputSize),如图 3-171 所示。
(8) 添加 Signal。Assigned to Device 选择 EN_Internal_Device,如图 3-172 所示。

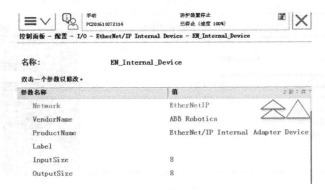

图 3-171　修改 InputSize 和 OutputSize

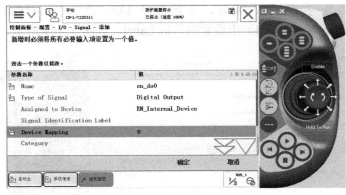

图 3-172　设置 Assigned to Device

2. 基于 840-4 EtherNet/IP Anybus Adapter 选项

首先确认机器人有 840-4 EtherNet/IP Anybus Adapter 选项。若没有，在建立虚拟系统时，可以先勾选图 3-166 中的"自定义选项"，添加 840-4 EtherNet/IP Anybus Adapter 选项。

使用 840-4 EtherNet/IP Anybus Adapter 选项时，使用图 3-173 中 B 处的网口与 EtherNet/IP 网络连接。

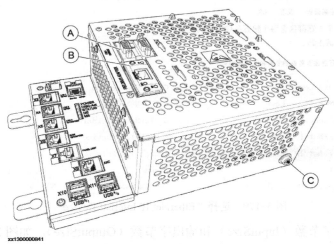

图 3-173　B 处为 840-4 EtherNet/IP Anybus Adapter 选项机器人硬件所处的位置

（1）从电脑中的"C:\ProgramData\ABB Industrial IT\Robotics IT\DistributionPackages\ABB.RobotWare-6.08.0134\RobotPackages\RobotWare_RPK_6.08.0134\utility\service\EDS"路径获取基于 840-4 EtherNet/IP Anybus Adapter 选项的 EDS 文件，ENIP_FA.eds 就是基于 840-4 EtherNet/IP Anybus Adapter 选项的 EDS 文件。

（2）也可进入示教器-Flexpendant 资源管理器，进入"<SystemName>\PRODUCTS\<RobotWare_xx.xx.xxxx>\utility\service\ EDS \"路径获取对应的 EDS 文件（该方法仅可在真实机器人上获得）。

（3）进入示教器-控制面板-配置，主题选择 I/O，进入 Industrial Network，选择"EtherNetIP_Anybus"，如图 3-174 所示。

图 3-174　选择"EtherNetIP_Anybus"

（4）设置 EtherNet IP_Anybus 的网络信息，如图 3-175 所示。

图 3-175　设置 EtherNet IP_Anybus 的网络信息

（5）进入控制面板-配置，主题选择 I/O，选择"EtherNet/IP Internal Anybus Device"，如图 3-176 所示。

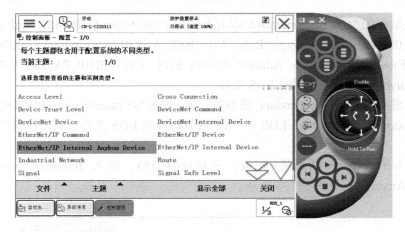

图 3-176 选择 "EtherNet/IP Internal Anybus Device"

（6）修改 Connection Input Size (bytes)和 Connection Output Size (bytes)，如图 3-177 所示。

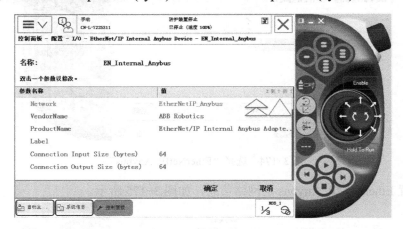

图 3-177 修改 Connection Input Size (bytes)和 Connection Output Size (bytes)

（7）添加 Signal。Assigned to Device 选择 EN_Internal_Anybus，如图 3-178 所示。

图 3-178 设置 Assigned to Device

3.4.6 机器人作为主站，添加通用 EtherNet/IP 从站

机器人有 841-1 EtherNet/IP Scanner/Adapter 选项后，也可以作为 EtherNet/IP 网络上的 Scanner，添加其他通用 EtherNet/IP 从站模块。例如机器人作为主站，焊机作为从站等。

设置 EtherNet/IP 网口及 IP 等信息的方法与机器人作为 EtherNet/IP 从站设置的方法相同，可以参考 3.4.5 节的内容。以下为示教器添加通用 EtherNet/IP 模块的步骤。

（1）进入示教器-控制面板-配置，主题选择 I/O，选择"EtherNet/IP Device"，如图 3-179 所示，添加 Device。

图 3-179 选择"EtherNet/IP Device"

（2）选择默认模板，根据从站设备的信息，依次填入 Address、Vendor ID 和 Product Code 等信息，如图 3-180 所示。

图 3-180 设置从站设备的信息

（3）添加后，暂不重启。继续添加 Signal，Assigned to Device 选择（2）中添加的 EtherNet/IP Device（此处举例设备的名称为 EN_WELDER），如图 3-181 所示。完成所有配置后重启机器人。

图 3-181　设置 Assigned to Device

（4）若已经有从站设备 Device 的 EDS 描述文件，则可以先把该 EDS 文件复制到机器人 HOME 文件夹下的 EDS 文件夹（或者通过 RobotStudio 传输文件），如图 3-182 所示。

图 3-182　将 Device 的 EDS 描述文件复制到机器人 HOME 文件夹下的 EDS 文件夹

（5）进入输入/输出窗口，选择工业网络，如图 3-183 所示。

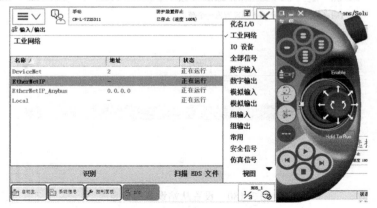

图 3-183　选择工业网络

（6）选中 EtherNet IP，单击右下角的"扫描 EDS 文件"，如图 3-183 所示，弹出"自动配置确认"对话框，提示是否希望继续，选择"是"，如图 3-184 所示。

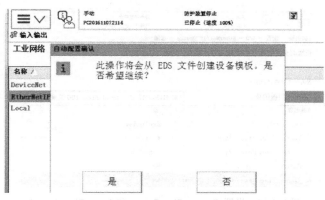

图 3-184 "自动配置确认"对话框

(7) 再次进入控制面板-配置,主题选择 I/O,选择"EtherNet/IP Device",单击"新建",在模板下就可以找到刚导入的 EDS 文件,如图 3-185 所示。

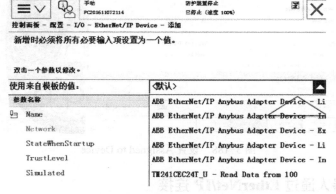

图 3-185 选择新加入的模板

(8) 选择对应的模板,完成 Address、Output Size (bytes)和 Input Size (bytes)等信息的设置,如图 3-186 和图 3-187 所示。

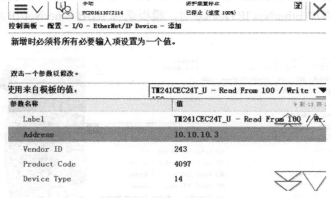

图 3-186 设置 Address

(9) 建立 Signal。Assigned to Device 选择(8)中加入的 Device(此处举例为 tm2411),如图 3-188 所示。完成后所有设置后重启机器人。

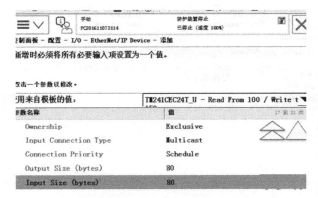

图 3-187　设置 Output Size (bytes)和 Input Size (bytes)

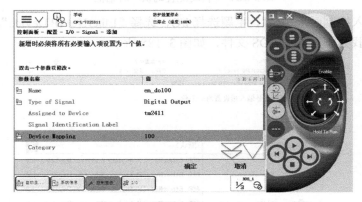

图 3-188　设置 Assigned to Device

3.4.7　两台机器人通过 EtherNet/IP 连接

现场若两台机器人都有选项 841-1 EtherNet/IP Scanner/Adapter 选项，则两台机器人就可以直接通过网线连接通信。减少接线等烦琐工作。

作为 Adapter 的机器人配置参考 3.4.5 节的内容。作为 Scanner 的机器人配置参考 3.4.6 节的内容。其中在添加 EtherNet/IP Device 时，模板选择 ABB EtherNet/IP Adapter Device，如图 3-189 所示。

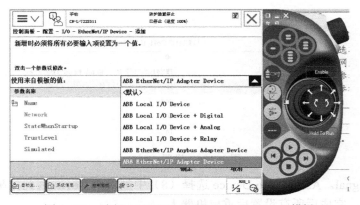

图 3-189　选择 ABB EtherNet/IP Adapter Device 模板

3.5 PROFIBUS

3.5.1 PROFIBUS 概述

PROFIBUS 的历史可追溯到 1987 年联邦德国开始的一个合作计划，此计划有 14 家公司及 5 个研究机构参与，目标是要推动一种串列现场总线，可满足现场设备接口的基本需求。为了这个目的，参与的成员同意支持有关工厂生产及程序自动化的共通技术研究。

PROFIBUS 中最早提出的是 PROFIBUS FMS（Field bus Message Specification），是一个复杂的通信协议，为要求严苛的通信任务所设计，适用在车间级通用性通信任务。后来在 1993 年提出了架构较简单、速度也提升许多的 PROFIBUS DP（Decentralized Peripherals）。PROFIBUS FMS 是用在 PROFIBUS 主站之间的非确定性通信。PROFIBUS DP 主要是用在 PROFIBUS 主站和其远程从站之间的确定性通信，但仍允许主站及主站之间的通信。

目前的 PROFIBUS 可分为两种，分别是大多数人使用的 PROFIBUS DP 和用在过程控制的 PROFIBUS PA。

（1）PROFIBUS DP（Decentralized Peripherals，分布式周边）用在工厂自动化的应用中，可以由中央控制器控制许多传感器及执行器，也可以利用标准或选用的诊断机能得知各模块的状态。

（2）PROFIBUS PA（Process Automation，过程自动化）应用在过程自动化系统中，由过程控制系统监控量测设备控制，是本质安全的通信协议，可适用于防爆区域（工业防爆危险区分类中的 Ex-zone 0 及 Ex-zone 1）。其物理层（缆线）匹配 IEC 61158-2，允许由通信缆线提供电源给现场设备，即使在有故障时也可限制电流量，避免制造可能导致爆炸的情形。因为使用网络供电，一个 PROFIBUS PA 网络所能连接的设备数量也就受到限制。PROFIBUS PA 的通信速率为 31.25kbps。

PROFIBUS PA 使用的通信协议和 PROFIBUS DP 使用的通信协议相同，只要有转换设备就可以和 PROFIBUS DP 网络连接，由速率较快的 PROFIBUS DP 作为网络主干，将信号传递给控制器。在一些需要同时处理自动化及过程控制的应用中就可以同时使用 PROFIBUS DP 和 PROFIBUS PA。

2009 年年底时，PROFIBUS 网络上的设备已经有三千万个，其中五百万个设备用在过程控制。

3.5.2 PROFIBUS 选项

ABB 工业机器人的 PROFIBUS 选项有 969-1 PROFIBUS Controller 选项和 840-2 PROFIBUS Anybus Device 选项。

969-1 PROFIBUS Controller 选项支持机器人作为 PROFIBUS Controller，机器人需要额外的硬件 PROFIBUS DP Master，如图 3-190 中的 A 部分和表 3-14 所示。

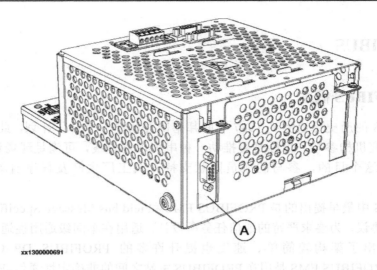

图 3-190　969-1 PROFIBUS Controller

表 3-14　969-1 PROFIBUS Controller 硬件物料

描述	型号	物料号
A	PROFIBUS DP Master	DSQC 1005	3HAC044872-001

840-2 PROFIBUS Anybus Device 选项仅支持机器人作为 PROFIBUS Device 从站，机器人需要额外的 PROFIBUS Anybus Device 硬件，如图 3-191 中的 B 部分和表 3-15 所示。

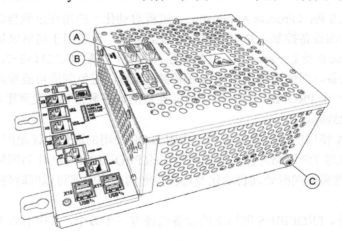

图 3-191　840-2 PROFIBUS Anybus Device

表 3-15　840-2 PROFIBUS Anybus Device 硬件物料

	描述	型号	物料号
A	Anybus Adapter / RS232 expansion board	DSQC 1003	3HAC046408-001
B	PROFIBUS Anybus Adapter	DSQC 667	3HAC026840-001
C	Ground connection for ESD bracelet		

3.5.3 机器人作为从站 Device 与 PLC 通信配置

机器人需要有 840-2 PROFIBUS Anybus Device 选项，如图 3-192 所示。

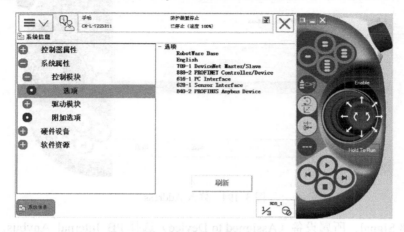

图 3-192　840-2 PROFIBUS Anybus Device 选项

（1）基于 840-2 PROFIBUS Anybus Device 选项的机器人 GSD 文件可以从"C:\Program Data\ABB Industrial IT\RoboticsIT\DistributionPackages\ABB.RobotWare-6.08.0134\RobotPackages\RobotWare_RPK_6.08.0134\utility\service\GSD"路径获得，HMS_1811.gsd 就是基于 840-2 PROFIBUS Anybus Device 选项的 GSD 文件。

（2）也可进入示教器-Flexpendant 资源管理器，可从"<SystemName>\PRODUCTS\<RobotWare_xx.xx.xxxx>\utility\service\ GSD"路径获取对应的 GSD 文件（该方法仅可在真实机器人上获得）。

机器人端配置的步骤如下：

（1）进入示教器-控制面板-配置主题选择 I/O，进入 Industrial Network，选择"PROFIBUS_Anybus"，如图 3-193 所示。

图 3-193　选择"PROFIBUS_Anybus"

（2）修改 Address，如图 3-194 所示。

图 3-194　修改 Address

（3）创建 Signal，所属设备（Assigned to Device）选择 PB_Internal_Anybus，如图 3-195 所示。

图 3-195　设置 Assigned to Device

3.6　CC-Link

3.6.1　CC-Link 概述

CC-Link（Control & Communication Link，控制与通信链路），是三菱电机推出的开放式现场总线，其数据容量大，通信速度多级可选择，而且它是一个以设备层为主的网络，同时也可覆盖较高层次的控制层和较低层次的传感层。一般情况下，CC-Link 整个一层的网络可由 1 个主站和 64 个从站组成。网络中的主站由 PLC 担当，从站可以是远程 I/O 模块、特殊功能模块、带有 CPU 和 PLC 的本地站、人机界面、变频器及各种测量仪表、阀门等现场仪表设备，并且可实现从 CC-Link 到 AS-I 总线的连接。CC-Link 具有高速的数据传输速率，最高可达 10Mbps。CC-Link 的底层通信协议遵循 RS 485，一般情况下，CC-Link 主要采用广播-轮询的方式进行通信，CC-Link 也支持主站与本地站、智能设备站之间的瞬间通信。2005年 7 月，CC-Link 被中国国家标准委员会批准为中国国家标准指导性技术文件。

3.6.2 DSQC 378B 模块介绍与配置

ABB 工业机器人提供 CC-Link 总线的支持，其通过 DSQC 378B 模块（见图 3-196），把 CC-Link 协议转化成 DeviceNet 协议，与机器人控制器通信。

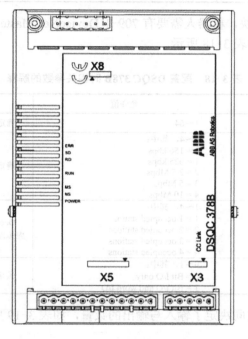

图 3-196 DSQC 378B 模块

图 3-196 中的 X5 端为 DeviceNet 通信与地址设置端，具体参见 3.1 节 DeviceNet 的设置。

图 3-196 中的 X3 端为备用 24V supply 电源部分，其引脚的定义如表 3-16 所示。

表 3-16 X3 端引脚的定义

信 号 名 称	X3 pin	功　　能
0 VDC	1	Supply voltage GND
NC	2	Not connected
GND	3	Ground connection
NC	4	Not connected
+24 VDC	5	Supply voltage +24 VDC

图 3-196 中的 X8 端为 CC-Link 总线接线端，其引脚的定义如表 3-17 所示。

表 3-17　X8 端引脚的定义

信 号 名 称	X8 pin	功　能
SLD	1	Shield，connected to power GND/Housing
DA	2	Signal line，A
DG	3	Digital GND，connected to signal GND
DB	4	Signal line，B
NC	5	Not connected
FG	6	Power GND，same as SLD

使用 DSQC 378B 模块，机器人需要有 709-1 DeviceNet Master/Slave 选项。配置 DSQC 378B，相关参数的解释如表 3-18 所示。

表 3-18　配置 DSQC 378B 时相关参数的解释

参数类型	允许值	作用
Station Number	1～64	确定在 CC-Link 总线中的地址
BaudRate	0～4，其中： 0 = 156 kbps 1 = 625 kbps 2 = 2.5 Mbps 3 = 5 Mbps 4 = 10 Mbps	确定通信速率
OccSta	1～4，其中： 1 = 1 occupied station 2 = 2 occupied stations 3 = 3 occupied stations 4 = 4 occupied stations	Occupied Sations。确定此从站确定的虚拟站数量
BasicIO	0～1，其中： 0 = Bit I/O only 1 = Bit I/O and word I/O	确定通信数据类型

OccSta 和 BasicIO 共同决定了输入与输出的数量，如表 3-19 所示。

表 3-19　输入与输出的数量

Value of OccStat	No. of bits when BasicIO = 0	No. of bytes when BasicIO =0	No. of bits when BasicIO = 1	No. of bytes when BasicIO =1
1	16	2	80	10
2	48	6	176	22
3	80	10	272	34
4	112	14	368	46

表 3-18 和表 3-19 中的参数需要通过示教器-控制面板-配置中的 DeviceNet Command 进行设置。为了方便设置，可以直接使用 ABB 工业机器人提供的模板并进行配置。

（1）进入"C:\ProgramData\ABB Industrial IT\Robotics IT\DistributionPackages\ABB.RobotWare-6.08.0134\RobotPackages\RobotWare_RPK_6.08.0134\utility\service\ ioconfig\DeviceNet"路径，d378B_10.cfg 为需要的模板文件（此处假设 d378B 模块在 DeviceNet 网络下的地址为 10）。

（2）进入示教器-控制面板-配置，单击左下角的"文件"-"加载参数"，选择步骤（1）中找到的配置文件进行加载（见图 3-197）。完成后重启机器人。

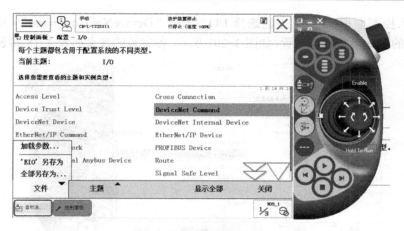

图 3-197 加载模板参数

(3) 进入示教器-控制面板-配置,主题选择 I/O,选择"DeviceNet Device",可以看到新加入的 D378B_10 设备(见图 3-198)。若板卡在 DeviceNet 网络上的地址(Address)不是 10,可以进行修改(见图 3-199)。

图 3-198 加入 D378B_10 设备

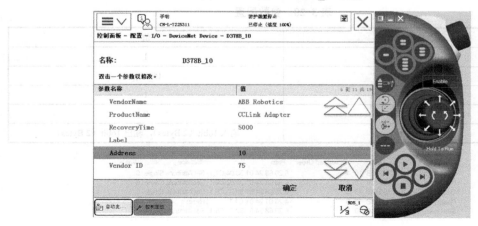

图 3-199 修改 Address

(4)进入控制面板-配置,主题选择 I/O,选择 "DeviceNet Command"(见图 3-200),对 CC-Link 的相关参数进行设置,如图 3-201 所示。各参数的含义如表 3-18 和表 3-19 所示。

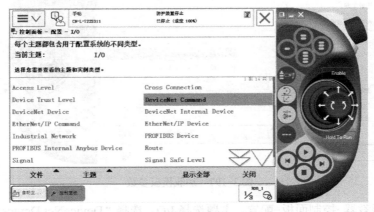

图 3-200　选择 "DeviceNet Command"

图 3-201　设置 CC-Link 的相关参数

(5)若要实现表 3-20 中所示的参数设置,具体的配置如图 3-202 所示。

表 3-20　参数配置

项　　目	值
Station Number	1
BaudRate	156kbps
OccSta	1
BasicIO	0
输入与输出	输入 16bit(2 Bytes),输出 16bit(2 Bytes)

Name	Device	Download Order	Path	Service	Value
BasicIO_378B_10	D378B_10	4	6,20 68 24 01 30 04,C1,1	Set Attribute Single	0
BaudRate_378B_10	D378B_10	2	6,20 68 24 01 30 02,C6,1	Set Attribute Single	0
OccStat_378B_10	D378B_10	3	6,20 68 24 01 30 03,C6,1	Set Attribute Single	1
Reset_378B_10	D378B_10	5	4,20 01 24 01,C1,1	Reset	0
StationNo_378B_10	D378B_10	1	6,20 68 24 01 30 01,C6,1	Set Attribute Single	1

图 3-202　具体的配置

(6) 添加 Signal。Assigned to Device 选择 D378B_10，如图 3-203 所示。

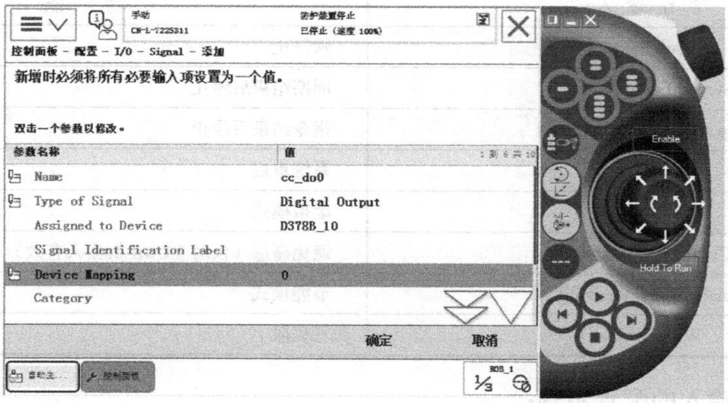

图 3-203 设置 Assigned to Device

3.7 系统输入

不同于日系机器人会留出专用系统的输入与输出端来控制启动和停止等，ABB 工业机器人则是通过配置普通信号并关联到系统输入或系统输出功能来完成外部的启动、停止、马达上电等功能。

ABB 工业机器人的系统输入功能如表 3-21 所示。

表 3-21 ABB 工业机器人的系统输入功能

系统输入	功能
Backup	备份
Disable Backup	阻止备份
Interrupt	中断
Limit Speed	限速
Load	装载程序
Load and Start	装载程序并启动
Motors Off	下电
Motors On	上电
Motors On and Start	上电并启动
PP to Main	移动指针到 Main
Reset Emergency Stop	复位急停按钮
Reset Execution Error Signal	复位执行错误
Start	开始
Start at Main	从 Main 开始
Stop	停止
Quick Stop	快速停止

续表

系 统 输 入	功 能
Soft Stop	软停止
Stop at End of Cycle	周期结束后停止
Stop at End of Instruction	指令结束后停止
System Restart	系统重启
SimMode	虚拟模式
Collision Avoidance	避免碰撞（仅对 YUMI 机器人有效）
Enable Energy Saving	节能模式
Write Access	写权限

以下为系统输入的配置步骤：

（1）建立若干普通信号。

（2）进入控制面板-配置，主题选择 I/O System，选择"System Input"，如图 3-204 所示。

图 3-204　选择 System Input

（3）单击"新建"，选择信号和对应的 Action（见图 3-205）。完成所有配置后重启机器人。

图 3-205　选择信号和对应的 Action

3.8 系统输出

系统输出为机器人对应状态的输出，ABB 工业机器人提供如表 3-22 所示的系统输出状态。

表 3-22 系统输出状态

系 统 输 出	状　　态
Absolute Accuracy Active	绝对精度激活
Auto On	自动模式
Backup Error	备份错误
Backup in progress	正在备份
Cycle On	程序开始
Emergency Stop	急停
Execution Error	执行错误
Limit Speed	限速模式
Mechanical Unit Active	机械单元被激活
Mechanical Unit Not Moving	机械单元没有移动
Motors Off	下电
Motors On	上电
Motors Off State	下电状态
Motors On State	上电状态
Motion Supervision On	运动监控打开
Motion Supervision Triggered	运动监控被触发
Path Return Region Error	回归路径错误
Power Fail Error	上电失败错误
Production Execution Error	生产执行错误
Run Chain OK	运行链 OK
Simulated I/O	I/O 处于仿真状态
Task Executing	任务执行
TCP Speed	通过模拟量输出 TCP 速度
TCP Speed Reference	通过模拟量输出 TCP 编程速度
Sim Mode	仿真模式（仅针对 load 有效）
CPU Fan not Running	CPU 风扇没有运转
Energy Saving Blocked	节能阻止
Write Access	写权限
Temperature Warning	温度报警
SMB Battery Charge Low	SMB 电池电量低

（1）建立若干数字输出 Digital Output 信号或者模拟信号。

（2）进入控制面板-配置，主题选择 I/O System，选择 System Output，如图 3-206 所示。

图 3-206　选择 System Input

（3）单击"新建"，选择信号和对应的状态（Status），如图 3-207 所示。完成所有配置后重启机器人。

图 3-207　选择信号和对应的状态（Status）

3.9　EIO 文件升级及备份文件升级

不同的 RobotWare 版本创建的系统，系统内的 EIO 等文件格式有些许差异。若直接导入系统使用，则会出错。可以使用 RobotStudio 软件中 Add-Ins 的迁移 RobotWare 功能进行升级（见图 3-208）。

具体步骤如下：

（1）找到原始机器人的备份目录，如图 3-209 所示。

（2）选择需要升级的 RobotWare 版本（见图 3-209）。可以从 RobotWare5 升级到 RobotWare6，也可从 RobotWare6.0X 升级到更高的 RobotWare6.0Y 版本。

图 3-208　迁移 RobotWare

图 3-209　找到原始机器人的备份目录

（3）升级完成后，在原始备份相同目录中会生成一个后缀带 Migrated 的备份文件夹（见图 3-210）。文件夹内的 EIO 文件为升级后的 EIO 文件，**.org 为原始版本。

图 3-210　升级后的文件

（4）对于高 RobotWare 版本的机器人，使用升级到相同版本的文件即可。

3.10　串口通信

3.10.1　硬件

ABB 工业机器人支持串口通信，不需要额外添加机器人选项。

早期 ABB 工业机器人控制器默认配置串口硬件，如图 3-211 中的 A 处。新 ABB 工业机器人控制器取消串口标配，故在实际使用前要确认机器人控制器是否已经安装串口硬件。

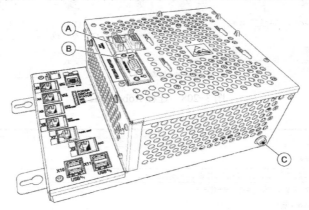

图 3-211　早期 ABB 工业机器人控制器默认在 A 处配置串口硬件

3.10.2　串口相关配置与编程

（1）进入示教器-控制面板-配置，主题选择 Communication，进入 Serial Port（见图 3-212），可以设置波特率等参数（见图 3-213）。

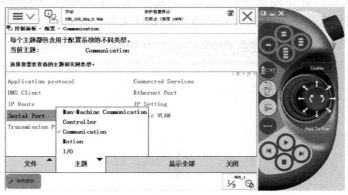

图 3-212　进入 Serial Port

图 3-213　设置波特率等参数

（2）以下为串口使用的实例代码，如图 3-214 所示。

```
PROC serial_test()
    open "com1:",channel1\Bin;! 打开串口
    reg1:=ReadBin(channel);! 使用 ReadBin 来读取字节
    out{1}:=1;!对字节数组 out 的第一个元素赋值
    WriteBin channel,out,1;! 其中 channel 为设备号，out 为输出的字节数组，1 为输出的字节长度
ENDPROC
```

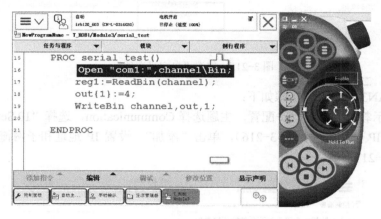

图 3-214 实例代码

3.11 Socket 通信

3.11.1 Socket 通信简介

Socket Messaging 的作用是允许 RAPID 程序员通过 TCP/IP 网络协议在各台计算机之间传输应用数据。一个套接字代表了一条独立于当前所用网络协议的通用通信通道。"套接字通信"是源于 Berkeley 所发布软件 Unix 的一套标准，而除 Unix 外，Microsoft Windows 等平台也支持该项标准。有了 Socket Messaging，机器人控制器上的 RAPID 程序就能与另一台计算机上的 C/C++程序等进行通信。

ABB 工业机器人使用 Socket 通信，需要有 616-1 PC-Interface 选项。虚拟仿真时，请确认建立系统已经有 616-1 PC-Interface 选项（建立虚拟系统时，可以先勾选图 3-215 中的"自定义选项"，添加 616-1 PC-Interface 选项）。

3.11.2 网络设置

1. 网口选择及 IP 地址设置

Socket 通信使用普通 TCP/IP 通信协议，通常使用机器人控制器的 WAN 口、LAN3 口或者 Service Port 服务端口。Service Port 服务端口的 IP 地址为 192.168.125.1，不可修改。PC 端若需要连接 Service Port 服务端口，PC 端的 IP 设置为自动获取或者设置为 192.168.125.X 网段中的地址。

图 3-215 勾选"自定义选项"

若使用 LAN3 口，设置步骤如下：

（1）进入示教器-控制面板-配置，主题选择 Communication，选择"IP Setting"。

（2）进入 IP Setting（见图 3-216），单击"添加"，设置 IP 地址和子网掩码，网口选择 LAN3（见图 3-217）。

图 3-216 选择"IP Setting"

图 3-217 设置 IP 地址等信息

若使用 WAN 口，可参考上文 LAN3 设置方法，但通常使用下列方法。

① 进入示教器-重启-高级，选择"启动引导引用程序"，如图 3-218 所示。

图 3-218 选择"启动引导应用程序"

② 重启之后机器人系统进入如图 3-219 所示的引用应用程序界面。单击 Settings，可以设置 IP Address、子网掩码（Subnet mask）等（见图 3-220）。此处设置的 IP Address 即为 WAN 口的 IP 地址。

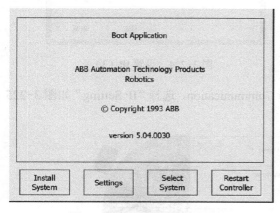

图 3-219 引用应用程序界面

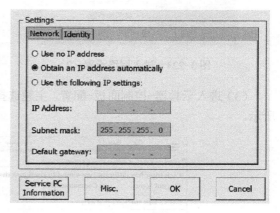

图 3-220 设置 IP（1）

③ WAN 口的 IP 设置也可通过 RobotStudio 设置。

④ RobotStudio 连接上机器人，在"控制器"下进入"属性"-"网络设置"，如图 3-221 所示。

⑤ 根据需要设置 IP 地址，如图 3-222 所示。该设置为 WAN 口的 IP 地址，做 Socket 通信用。设置完后重启机器人即可。

2. WAN 口同时使用 PROFINET 及 Socket 通信配置

WAN 口可以同时作为 PROFINET 和普通 Socket 通信配置，具体步骤如下。

（1）RobotStudio 连接上机器人，进入"控制器"-"属性"-"网络设置"，如图 3-223 所示。

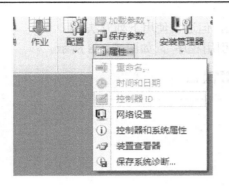
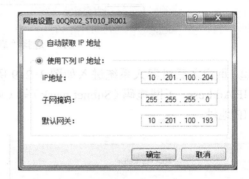

图 3-221　进入网络设置（1）　　　　图 3-222　设置 IP（2）

（2）根据需要设置 IP（见图 3-224）。该设置为 WAN 口的 IP 地址，作为 Socket 通信用。设置完重启机器人即可。

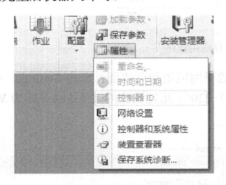
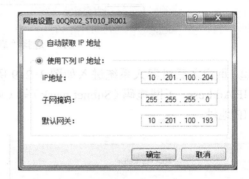

图 3-223　进入网络设置（2）　　　　图 3-224　设置 IP（3）

（3）进入示教器-控制面板-配置，主题选择 Communication，选择"IP Setting"如图 3-225 所示。

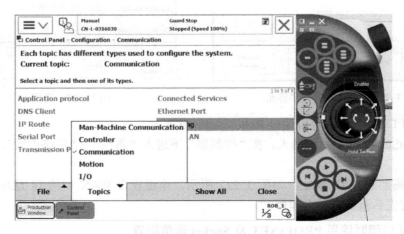

图 3-225　选择"IP Setting"

（4）进入 IP Setting，单击"PROFINET Network"，如图 3-226 所示。

第 3 章 通信配置

图 3-226 单击 "PROFINET Network"

（5）修改 IP 地址，选择对应网口（Interface）为 WAN（见图 3-227）。此处的 IP 与步骤（2）配置的系统 WAN 口 IP 相同。完成后重启机器人，此时该口可以同时进行 PROFINET 通信和 Socket 通信。

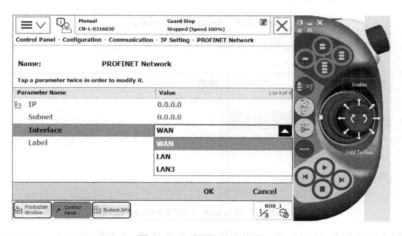

图 3-227 设置网络信息

3.11.3 创建 Socket 通信

Socket 通信分为 Server（服务器端）和 Client（客户端）。一个 Server 可以连接多个 Client。Server 通过不同端口号区分连接的 Client。Socket 套接字通信示意如图 3-228 所示。ABB 工业机器人在 Socket 通信中可以作为 Server，也可作为 Client。

1. 创建 Client 端的实例

通常机器人与相机等设备通信，机器人作为 Client 端。

（1）在 RobotStudio 软件中新建一个机器人系统。注意，建立系统时加入 616-1 PC Interface 选项（见图 3-229）。

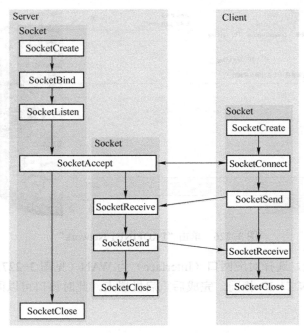

图 3-228　Socket 通信示意图

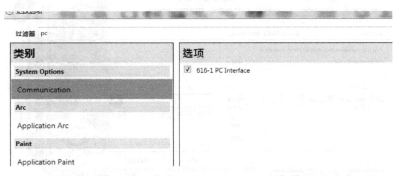

图 3-229　加入 616-1 PC Interface 选项

（2）新建程序模块和例行程序，Socket 相关指令均在"添加指令"-"Communicate"指令集下，如图 3-230 所示。

图 3-230　Socket 相关指令集

```
MODULE module1
    VAR Socketdev Socket1;
    VAR string received_string;
    PROC main()
        SocketCreate Socket1;
        !创建套接字 Socket1
        SocketConnect Socket1,"127.0.0.1",8000;
        !建立与 Server 的连接，此处 IP 和端口为 Server 端的信息。如果是在计算机和另一台虚拟控制
        !器或者测试小软件连接，IP 可以设为"127.0.0.1",端口自定义，建议不要用默认的
        !1025
        WHILE TRUE DO
            SocketSend Socket1\Str:="Hello server";
            !向 Socket1 端发送字符串 "Hello server"
            SocketReceive Socket1\Str:=received_string;
            !从 Socket1 端接受字符串并存储于变量 received_string，默认最多等待 60s，可以添加
            !Time 可选参数，设置相应等待时间
            TPWrite "Server wrote - "+received_string;
            !写屏显示接收到的字符串 received_string
        ENDWHILE
    ERROR
        SocketClose Socket1;!如果出错，关闭 Socket1 连接。
    ENDPROC
ENDMODULE
```

（3）可以使用 Socket 调试工具（见图 3-231）做测试。

（4）本小节 Socket 调试工具模拟 Server，故单击"TCP Server"并"创建"。"监听端口"号的设置与机器人设置的连接端口号需要一致，如图 3-231 所示的端口 8000。

图 3-231　Socket 调试工具

(5) 在 Socket 调试工具中"创建"完 Server 后,Server 自动启动并监听 Client 的连接。

(6) 运行机器人程序,此时机器人会先向 Server 发送字符串"Hello server",Socket 调试工具接收到"Hello server"字符串并显示(见图 3-231)。

(7) 机器人此时处于 SocketReceive 状态,等待 Server 发送字符串。

(8) 在 Socket 调试工具中输入"Hello Client"字符串并单击"发送数据"如图 3-231 所示,机器人侧会接收到"Hello Client"字符串并写屏显示(见图 3-232)。

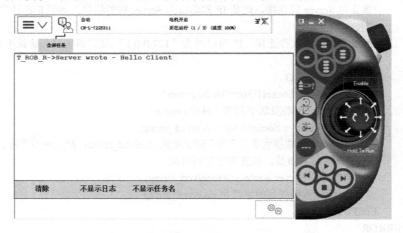

图 3-232 接收并显示"Hello Client"字符串

2. 创建 Server 端的实例

机器人也可作为 Server 端。本部分举例在同一台计算机中使用作为 RobotStudio 创建两个机器人工作站,一个工作站的机器人作为 Server,另一个工作站的机器人作为 Client,实现两台机器人相互 Socket 通信,具体步骤如下。

(1) 完成 Client 的程序创建,方法参见上一部分。

(2) 重新创建一个工作站,创建时需添加 616-1 PC-Interface 选项。

(3) 机器人作为 Server 的示例代码如下。

```
MODULE module2
    VAR Socketdev temp_Socket;
    VAR Socketdev Client_Socket;
    VAR string received_string;
    PROC main()
        SocketCreate temp_Socket;
        !创建 Server 的套接字 temp_Socket
        SocketBind temp_Socket,"127.0.0.1",8000;
        !绑定要监控的 IP 地址和端口,如果在计算机中虚拟仿真,此处可以设置为 127.0.0.1
        SocketListen temp_Socket;
        !对绑定的 IP 地址和端口进行监听
        SocketAccept temp_Socket,Client_Socket;
        !接受 Client 的连接
        WHILE TRUE DO
            SocketReceive Client_Socket\Str:=received_string;
            !从 Client_Socket 端接受字符串并存储于变量 received_string,默认最多等待 60s,可
```

```
            !以添加 Time 可选参数，设置相应等待时间
            TPWrite "Client wrote - "+received_string;
            !写屏显示接收到的字符串 received_string
            SocketSend Client_Socket\Str:="Message acknowledged";
            !向 Client_Socket 端发送字符串 Message acknowledged"
        ENDWHILE
    ERROR
        SocketClose Client_Socket;
        SocketClose temp_Socket;
    ENDPROC
ENDMODULE
```

（4）运行 Server 机器人程序，Server 端开始监听并等待 Client 机器人的连接。

（5）运行 Client 机器人程序。Client 机器人连接上 Server 并开始相互收发数据。

3.11.4 字符串的解析

现场机器人与相机进行 Socket 通信，通常收到的为 string 型字符串，如"12.3；45.6；78.9；"，表示"x=12.3"、"y=45.6"、"z=78.9"。如何把该字符串信息提取并赋值到对应的 num 型变量？可以使用表 3-23 中相关的字符串函数。

表 3-23 字符串函数

函数名称	功　能
StrMemb	检查字符是否属于一组
StrLen	查找字符串长度
StrPart	获取部分字符串
StrFind	在字符串中搜索字符
StrMatch	在字符串中搜索预置样式
StrOrder	检查字符串是否有序

代码示例如下：

```
VAR num StartBit1;
VAR num StartBit2;
VAR num StartBit3;
VAR num StartBit4;
VAR num StartBit5;
VAR num EndBit1;
VAR num EndBit2;
VAR num EndBit3;
VAR num LenBit1;
VAR num LenBit2;
VAR num LenBit3;
VAR num LenString;
VAR string XData:="";
VAR string YData:="";
VAR string AngleData:="";
PERS num x;
```

```
PERS num y;
PERS num angle;

PROC DecodeData()
    ! Strread:=received_string;
    Strread:="12.4;56.7;88.9;";!举例字符串为"12.4;56.7;88.9;";
    LenString:=StrLen(Strread); !获取字符串总长度;

    StartBit1:=1;
    EndBit1:=StrFind(Strread,StartBit1,";");
    !从字符串 StartBit1 位开始寻找第一个"；"，并返回"；"位置;
    LenBit1:=EndBit1-StartBit1; !获取第一段字符串长度，此处为字符串"12.4"的长度为 4.

    StartBit2:=EndBit1+1;!起始位置+1
    EndBit2:=StrFind(Strread,StartBit2,";");
    !从字符串 StartBit2 位开始寻找第一个"；"，并返回"；"位置;
    LenBit2:=EndBit2-StartBit2; !获取第二段字符串长度，此处为字符串"56.7"的长度为 4.

    StartBit3:=EndBit2+1;
    EndBit3:=StrFind(Strread,StartBit3,";");
    LenBit3:=EndBit3-StartBit3;

    XData:=StrPart(Strread,StartBit1,LenBit1);
    !从字符串"12.4;56.7;88.9"中的 StartBit1 位开始截取长度 LenBit1 的字符串，此处为
    ! "12.4"，并赋值给字符串 XData
    YData:=StrPart(Strread,StartBit2,LenBit2);
    !从字符串"12.4;56.7;88.9"中的 StartBit2 位开始截取长度 LenBit2 的字符串，此处为
    ! "56.7"，并赋值给字符串 YData
    AngleData:=StrPart(Strread,StartBit3,LenBit3);
    !从字符串"12.4;56.7;88.9"中的 StartBit3 位开始截取长度 LenBit3 的字符串，此处为
    ! "88.9"，并赋值给字符串 AngleData

    DataTRUE:=StrToVal(XData,x);
    !把 XData 字符串转化为 Val，赋值给 x（num 型）。转化成功，bool 量 DataTRUE 为 True
    DataTRUE:=StrToVal(YData,y);
    !把 YData 字符串转化为 Val，赋值给 y（num 型）。转化成功，bool 量 DataTRUE 为 True
    DataTRUE:=StrToVal(AngleData,Angle);
    !把 AngleData 字符串转化为 Val，赋值给 Angle（num 型）。转化成功，bool 量 DataTRUE 为
    !True

    TPWrite "x:"\Num:=x; !写屏显示 x 的数值
    TPWrite "y:"\Num:=y; !写屏显示 y 的数值
    TPWrite "angle:"\Num:=angle; !写屏显示 angle 的数值
ENDPROC
```

3.11.5 发送长字符串

ABB 工业机器人单个字符串最长限制为 80 个字符。若希望使用 Socket 发送长字符串（超过 80 个字符），如何实现？

此处使用 PackRawBytes 指令，打包字符串，示例代码如下：

```
VAR Socketdev Socket1;
VAR string s1;
VAR string s2;
VAR rawbytes raw_data1;
PROC main1()
    s1:="abcdefghi";
    SocketCreate Socket1;
    SocketConnect Socket1,"127.0.0.1",8000;
    WHILE TRUE DO
        SocketReceive Socket1\Str:=received_string; !机器人先接受 Server 发送的字符串并写屏
        TPWrite "Server wrote – "+received_string;
        ClearRawBytes raw_data1;!将 RawBytes 类型数据 raw_data1 内容清除。
        FOR i FROM 1 TO 10 DO
            !通过循环构建字符串 "1: abcdefghi2: abcdefghi3: abcdefghi4: abcdefghi5:
            ! abcdefghi6: abcdefghi7: abcdefghi8: abcdefghi9: abcdefghi10: abcdefghi"
            s2:=ValToStr(i)+": ";
            s2:=s2+s1;
            PackRawBytes s2,raw_data1,RawBytesLen(raw_data1)+1\ASCII;
            !将当前字符串 s2 以 ASCII 码形式放入 raw_data1 当前数据的下一个字节。
        ENDFOR
        SocketSend Socket1\RawData:=raw_data1;
            !发送 raw_data1 数据，即发送字符串 "1: abcdefghi2: abcdefghi3: abcdefghi4:
            !abcdefghi5:abcdefghi6: abcdefghi7: abcdefghi8: abcdefghi9: abcdefghi10:
            !abcdefghi"
    ENDWHILE
ERROR
    SocketClose Socket1;
ENDPROC
```

此示例假设机器人作为 Client，连接 Server。打开 Socket 调试工具并创建 TCP Server，机器人运行程序后 Socket 调试工具的结果如图 3-233 所示。

图 3-233　Socket 调试工具的结果

第 4 章　系统服务程序

机器人的系统服务程序为 ABB 工业机器人内置的一些常用服务程序，此类程序只可运行，无法查看代码（代码加密）。使用此类程序的方式是：

（1）单击示教器左上角的主菜单，单击"程序编辑器"（Program Editor）。
（2）在"调试"（Debug）菜单中，单击"PP 移至 Main"，使得程序指针可见。
（3）在"调试"（Debug）菜单中，单击"调用例行程序"（Call Routine），如图 4-1 所示。

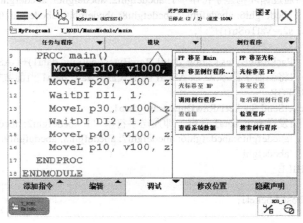

图 4-1　调用例行程序

（4）"调用服务例行程序"对话框列出了所有预定义的例行程序（见图 4-2）。

图 4-2　"调用服务例行程序"对话框

（5）单击相应的例行程序，单击"转到"，程序指针移至选定例行程序的开头。

（6）单击 FlexPendant 的"Start"（启动）按钮，并依照 FlexPendant 上显示的说明进行操作。执行例行程序之后，任务停止，程序指针返回例行程序开始执行之前的位置。

4.1 关闭 SMB 电池

对于使用双电极触点电池的 SMB 单元，可以在运输或库存期间关闭串行测量电路板的电池以节省电池电力。

按前文所述，进入 Bat_Shutdown 例行程序，单击"运行"，出现如图 4-3 所示的界面，选择"Shutdown"。例行程序执行完毕后的界面如图 4-4 所示。

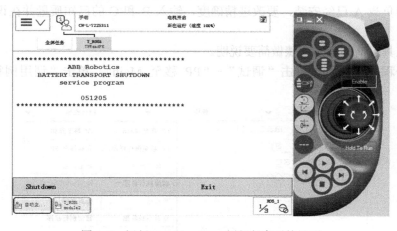

图 4-3 运行 Bat_Shutdown 例行程序后的界面

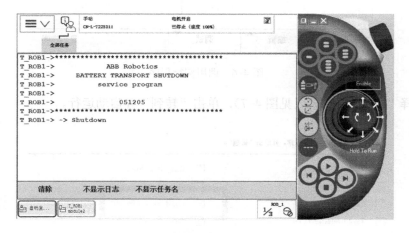

图 4-4 例行程序执行完毕后的界面

系统重新开启时将重置该功能。转数计数器将丢失，需要更新，但校准值将会保留。正常关机的功耗约为 1mA。使用睡眠模式的功耗会减少到 0.3mA。当电池电量几乎耗尽、剩余电量少于 3Ah 时，FlexPendant 上会出现报警，此时应更换电池。

4.2 LoadIdentify

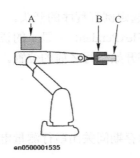

A：上臂载荷；B：工具载荷；C：有效载荷

图 4-5　上臂载荷、工具载荷和有效载荷

LoadIdentify 可以测定工具载荷和有效载荷。可确认的数据是质量、重心和转动惯量，如图 4-5 所示。

在进行有效载荷的载荷识别前，请首先确保已经正确定义了工具载荷数据（例如，通过对此工具运行 LoadIdentify）。要确定 B 和/或 C 的质量，轴 3 必须执行一些动作。这意味着要测定质量，上臂载荷必须已知且正确定义。

如果上臂负载 A 已经安装，要改进精确度，输入 B 和 C 的已知质量并在识别时选择已知质量。

此节就工具载荷的识别步骤做简要说明。

（1）打开程序编辑器，单击"调试"-"PP 移至 Main"，单击"调用例行程序"，如图 4-6 所示。

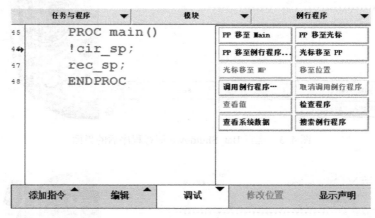

图 4-6　调用例行程序

（2）选择"LoadIdentify"（见图 4-7），单击"转到"并启动运行。

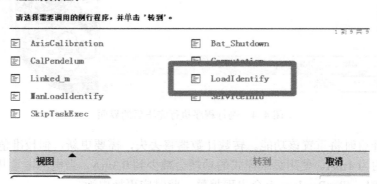

图 4-7　选择"LoadIdentify"

（3）单击"Tool"（见图 4-8）。Payload 有效载荷的测定需要在 Tool 的测定之后进行。

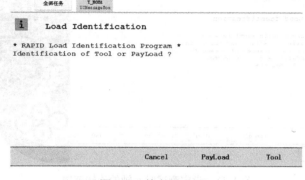

图 4-8　单击"Tool"

（4）确认工具名字，如图 4-9 所示。

图 4-9　确认工具名字

（5）填写工具的重量（单位为 kg），如果未知，选择"2=Unknown mass in Tool"，如图 4-10 所示。

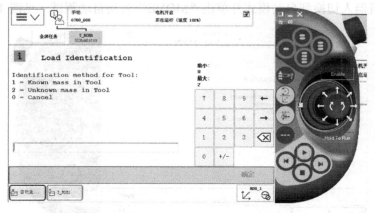

图 4-10　选择"2=Unknown mass in Tool"

（6）设定测试时 6 轴的旋转范围，如图 4-11 所示。

图4-11　设定测试时6轴的旋转范围

（7）确认是否要在手动模式下慢速测试机器人的移动位置，如图4-12所示（建议测试，避免机器人碰撞）。若选择"Yes"，机器人会在"手动模式"下自动运行所有点，人为检查是否会有碰撞。

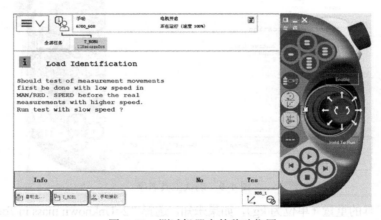

图4-12　测试机器人的移动位置

（8）提示机器人切换到自动模式并单击"MOVE"启动自动测试（见图4-13）。

图4-13　启动自动测试

（9）Load Identification 自动测试完毕，提示机器人切换回手动模式并继续运行程序（见图 4-14）。

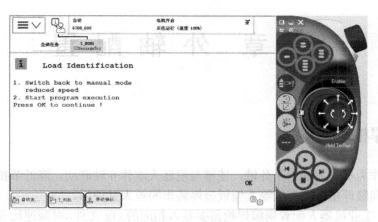

图 4-14　Load Identification 自动测试完毕

（10）系统会计算出 Tool 的 Load，并提示是否要保存。

（11）有效载荷 PayLoad 的测定方法类似，在图 4-8 所示的界面中单击"PayLoad"。但有效载荷 PayLoad 必须在正确设定 Tool 的载荷后执行。

第 5 章 外轴配置

5.1 伺服焊枪配置

伺服焊枪作为机器人的一个外轴，能够与机器人本体 6 轴联动，降低节拍，提高机器人的生产效率。伺服焊枪在整车厂等大型钣金焊装车间被大量使用。

通常 ABB 工业机器人配置伺服焊枪需要导入相应的.cfg 文件，对减速比和电机参数进行修改，并在示教器中完成最后的调试。

常用伺服焊枪的.cfg 文件可以进入 PC 的"C:\ProgramData\ABB Industrial IT\Robotics IT\DistributionPackages\ABB.RobotWare-6.08.0134\RobotPackages\RobotWare_RPK_6.08.0134\utility\AdditionalAxis\ServoGun\DM1"路径获取。

M7L1B1S_DM1.cfg 文件中的 DM1 表示使用第一个驱动柜（ABB 工业机器人的一个控制器最多可以带 4 个机器人本体，即 4 个驱动柜）。M7 表示外轴驱动位于控制柜的第一个附加轴位置（见图 5-1）；L1 表示电机编码器反馈线接入第一块 SMB，即第一块 SMB 接入轴计算机的 Link1。M8L2B1S_DM1.cfg 文件中的 M8 表示外轴驱动位于控制柜的第二个附加轴位置（见图 5-1）；L2 表示电机编码器反馈线接入第二块 SMB，即第二块 SMB 接入轴计算机的 Link2。

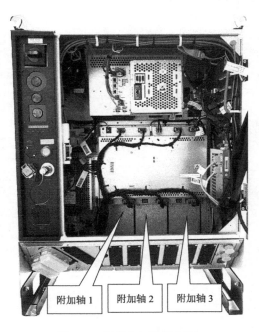

图 5-1 机器人标准控制柜

ABB 工业机器人在 RobotWare6.06 版本以后，可以使用 ServoGun Setup 插件在示教器中快速完成全部伺服焊枪的配置工作。使用该功能，机器人不需要添加额外的选项。

在使用该插件并配置伺服焊枪前，需要获取插件并重新制作机器人系统。

（1）在 RobotStudio 的 Add-Ins 中搜索并下载 ServoGun Setup 插件，如图 5-2 所示。

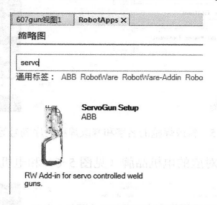

图 5-2 ServoGun Setup 插件

（2）对机器人重新制作系统。机器人重新制作系统的方法参见第 10 章内容。机器人制作系统时，需要加入名称为“ServoGunSetup”的产品（见图 5-3）。

经添加的产品

名称	版本	发行方	类型	状态	创建日期
RobotWare	6.07.00.00	ABB	RobotWare	已安装	2018-04-26
ServoGunSetup	1.00.00.00	ABB	AddIn	已安装	2018-03-26

图 5-3 添加名称为“ServoGunSetup”的产品

（3）系统制作完毕并重启后，可以在示教器中看到 ServoGun Setup，如图 5-4 所示。

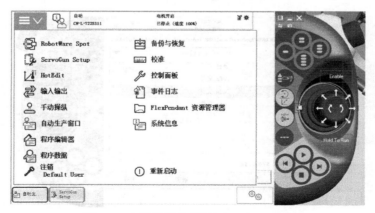

图 5-4 在示教器中看到 ServoGun Setup

以下简述在完成伺服焊枪电气连接后，需要在示教器中完成第一次配置伺服焊枪。

（1）进入 ServoGun Setup 菜单，修改伺服焊枪的名字（Change Servo Gun Name）和修改伺服焊枪的序列号（Change Servo Gun Serial Number）等信息，如图 5-5 所示。

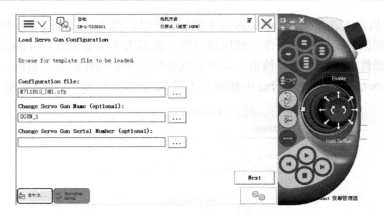

图 5-5　修改焊枪的名字和修改焊枪的序列号等信息

（2）根据实际情况选择对应的电机品牌（见图 5-6）和电机型号（见图 5-7）。

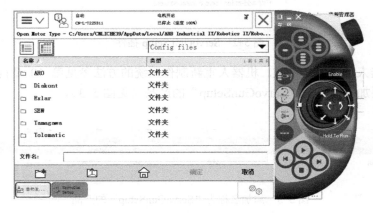

图 5-6　选择对应的电机品牌

图 5-7　选择对应的电机型号

（3）根据实际情况设置最大压力（Max Force，单位为 N）和最大电机转速（Speed Absolute Max，单位为 rad/s）等信息（见图 5-8）。完成后根据提示重启系统。

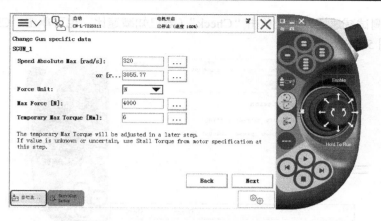

图 5-8 设置最大压力和最大电机转速等信息

(4) 系统重启后,自动进入如图 5-9 所示的"开始调试"界面,单击"Tune Servo Gun"。

图 5-9 "开始调试"界面

(5) 单击"Next",提示工具为 tool0,即当前没有其他 tool,单击"Accept",出现如图 5-10 所示的界面。在该界面中选择标定方法,单击"Complete"。

图 5-10 选择标定方法

（6）准备测试减速比，此处单击"Check"（若已知减速比，也可单击"Change"后修改减速比），如图5-11所示。

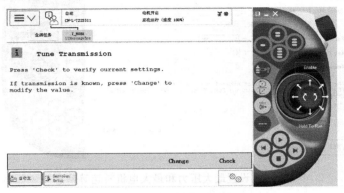

图 5-11　测试或者修改减速比

（7）为了避免伺服焊枪移动的方向未知导致伺服焊枪之间撞枪，可以先手动移动伺服焊枪至实际开口的 20mm 处，如图 5-12 所示的提示。稍后伺服焊枪会移动，注意伺服焊枪此时的运动是打开（Open）的还是合拢（Close）的。

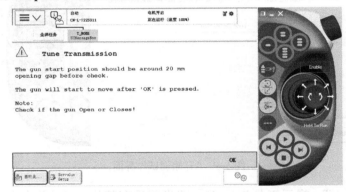

图 5-12　提示可以先手动移动伺服焊枪至实际开口的 20mm 处

（8）如果伺服焊枪的实际运动为打开（Open），单击"Open"，反之单击"Close"，如图 5-13 所示。

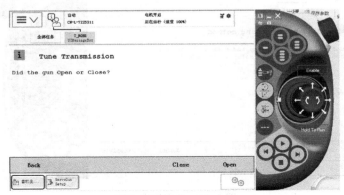

图 5-13　确认伺服焊枪的实际运动为打开或合拢

(9)此时伺服焊枪会自动合拢,找寻伺服焊枪的零点,如图 5-14 所示为提示伺服焊枪会进行粗略初始化。

图 5-14 提示伺服焊枪会进行粗略初始化

(10)输入伺服焊枪的最大开度,单位为 mm,如图 5-15 所示。

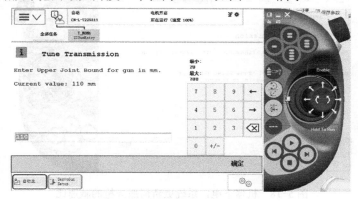

图 5-15 输入伺服焊枪的最大开度

(11)伺服焊枪自动打开到某个位置,用游标卡尺测量当前开口的大小,如果是 50mm,则单击"Yes"(见图 5-16),不是则单击"No",输入实际的测量结果,如图 5-17 所示。

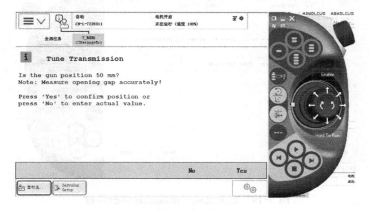

图 5-16 确认伺服焊枪当前的开口大小是否为 50mm

图 5-17 输入伺服焊枪实际的开口大小

（12）此时机器人系统会下电（Motor Off），系统更新伺服焊枪的减速比，如图 5-18 所示，单击"确定"。

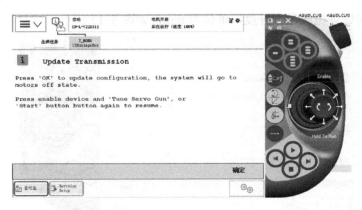

图 5-18 机器下电，系统更新伺服焊枪的减速比

（13）出现如图 5-19 所示的界面，需要重新上电并单击"Tune Servo Gun"，继续配置伺服焊枪。

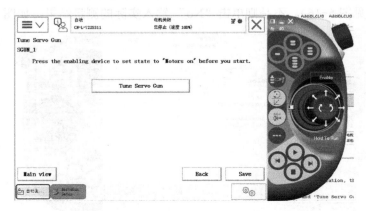

图 5-19 重新上电，继续配置伺服焊枪

（14）验证此时的伺服焊枪是否在 50mm 的位置处。如果是，则单击"Yes"（见图 5-20）；如果偏差很大，建议停止配置。将机器人系统重置后，重新开始配置。

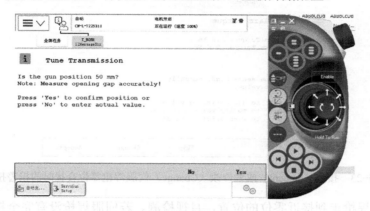

图 5-20　确认伺服焊枪当前的位置

（15）伺服焊枪移动到最大开口的位置处，如图 5-21 所示，单击"确定"。

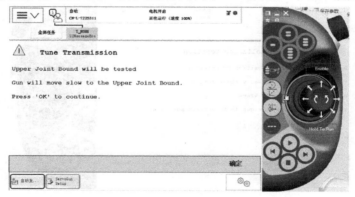

图 5-21　伺服焊枪移动到最大开口的位置处

（16）验证伺服焊枪是否在最大开口的位置处。是，则单击"Yes"，否则单击"No"，如图 5-22 所示。

图 5-22　验证伺服焊枪是否在最大开口的位置处

(17)此时自动测出伺服焊枪的零位合拢时的报警扭矩,单击"Accept"(见图5-23)。

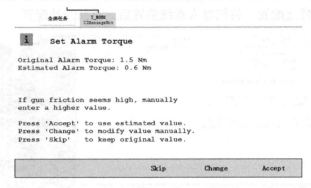

图5-23　接受(Accept)或者修改(Change)伺服焊枪零位合拢时的报警扭矩

(18)伺服焊枪走到接近零位的位置,目视检测。若伺服焊枪没有完全接触合拢,则根据提示移动伺服焊枪,直到伺服焊枪的动臂与静臂刚好合拢,然后单击"Closed"(见图5-24),该步骤进行二次零位校准。

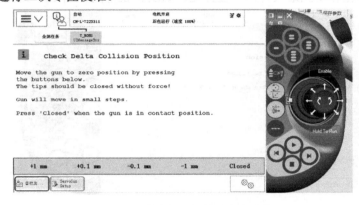

图5-24　移动伺服焊枪至完全合拢

(19)机器人开始进行第一轮伺服焊枪压力值的标定,单击"Setup"开始标定,如图5-25所示。

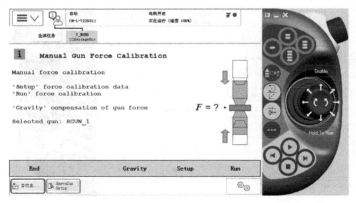

图5-25　单击"Setup"开始标定

（20）如图 5-26 所示，设置相关参数，即测量次数（Number of measurements）、最大压力（Max force）、压力计传感器厚度（Sensor thickness）和加压时间（Squeeze time）。完成后单击"Back"。

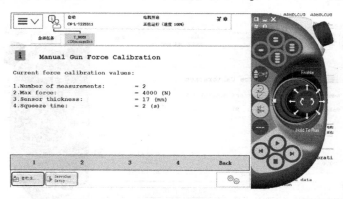

图 5-26　设置相关参数

（21）单击图 5-25 中的"Run"，出现如图 5-27 所示的界面，在该界面中可以调整本次伺服焊枪加压的压力值，输入希望测试的压力值。单击"确定"后，伺服焊枪会合拢加压，人工从压力计中读取测量结果。

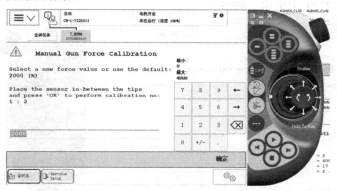

图 5-27　输入希望测试的压力值

（22）测量完毕后单击"OK"，如图 5-28 所示。

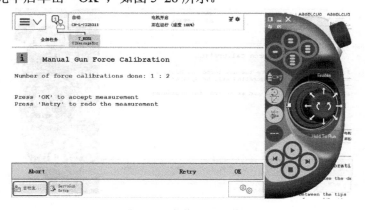

图 5-28　单击"OK"

（23）输入压力计测得的数据（注意压力计测量数据的单位）。示教器中输入数据的单位为 N，压力计中的示数通常放大 1000 倍（压力计显示 1.0，则示教器输入 1000），如图 5-29 所示。

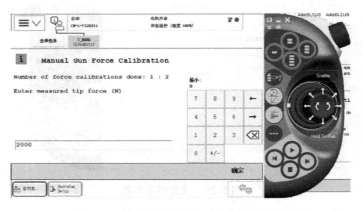

图 5-29　输入压力计实际中测得的压力值

（24）同理，完成第二次测量并输入测量结果，直到完成。如图 5-30 所示，单击"Next"。若确认无误，在图 5-31 中单击"Save"。

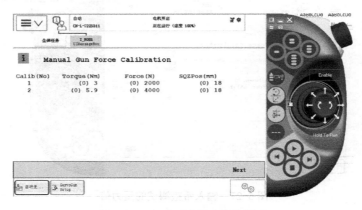

图 5-30　完成两次压力值的测试

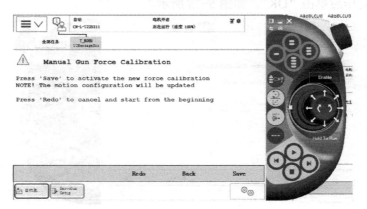

图 5-31　单击"Save"

（25）单击图 5-32 左下角的"End"，完成第一轮伺服焊枪压力值的标定。

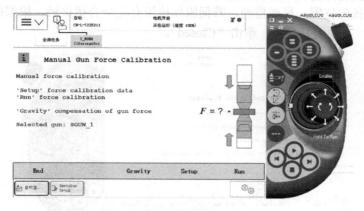

图 5-32　单击"End"

（26）系统会自动完成伺服焊枪的速度限制值（Tune speed Limit）的测定，单击"OK"（见图 5-33）。完成后系统会计算出推荐值，建议使用推荐值。

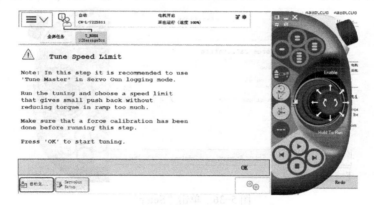

图 5-33　测定伺服焊枪的速度限制值

（27）系统测定伺服焊枪的加速度（Tune Acceleration），如图 5-34 所示为确认加速度。

图 5-34　确认伺服焊枪的加速度

（28）完成以上步骤后，系统会重新再次找寻伺服焊枪的零位。此时伺服焊枪合拢，移动到接近完全合拢的位置。目视检测，若伺服焊枪没有完全合拢接触，根据提示移动伺服焊枪（见图5-35），直到刚好合拢，单击"Closed"。

图5-35 移动伺服焊枪至刚好合拢的位置

（29）伺服焊枪开始第二轮伺服焊枪压力值的标定。单击"Setup"，如图5-36所示。

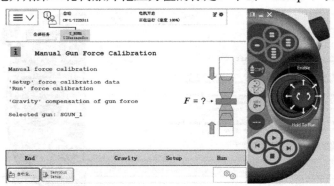

图5-36 单击"Setup"

（30）设置伺服焊枪的相关参数，即设置测量次数（Number of measurements）、最大压力（Max force）、压力计传感器厚度（Sensor thickness）及加压时间（Squeeze time）。完成后单击"Back"，如图5-37所示。

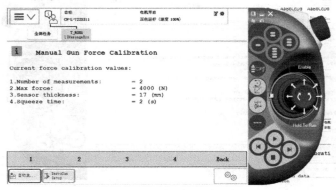

图5-37 设置伺服焊枪的相关参数

（31）单击图 5-36 中的"Run"，出现如图 5-38 所示的界面，在该界面中可以调整本次伺服焊枪加压的压力值，输入希望测试的压力值。单击"确定"后，伺服焊枪会合拢加压，人工从压力计中读取测量结果。

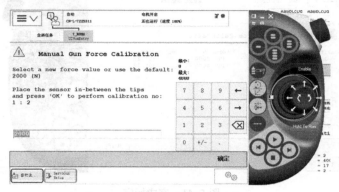

图 5-38　输入希望测试的压力值

（32）测量完毕后单击"OK"，如图 5-39 所示。

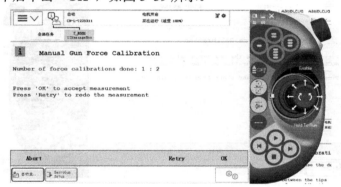

图 5-39　单击"OK"

（33）输入压力计测得的数据（注意压力计测量数据的单位）。示教器中输入数据的单位为 N，压力计中的示数通常放大 1000 倍（压力计显示 1.0，则示教器输入 1000），如图 5-40 所示。

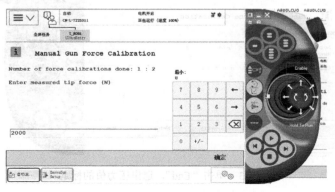

图 5-40　输入压力计实际测得的数据

（34）同理完成第二次测试，直到完成标定（见图5-41）。若提示最大压力值没有达到要求，根据提示重做。如果完成标定，如图5-42所示显示，则单击"Save"。

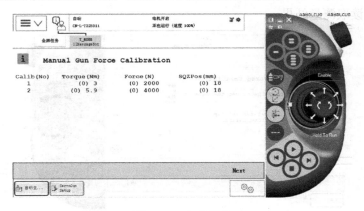

图5-41　完成标定

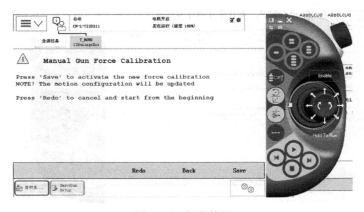

图5-42　保存数据

（35）单击图5-43左下角的"End"，完成第二轮伺服焊枪压力值的标定。

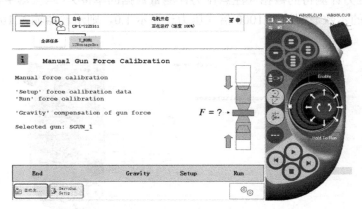

图5-43　单击"End"，退出压力值的标定

（36）完成全部测试，弹出如图5-44所示的界面，单击"OK"。

第 5 章　外 轴 配 置

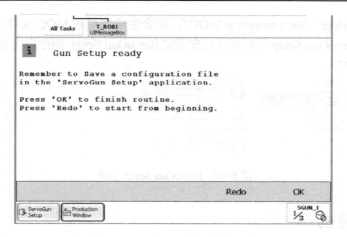

图 5-44　单击"OK",完成测试

(37) 单击图 5-45 右下角的"Save",保存数据。

图 5-45　单击"Save",保存数据

(38) 若单击图 5-46 中的第一个按钮"Save Servo Gun Types",则系统会保存一个 .cfg 文件,名字可以为 SGUN1_XX（XX 为伺服焊枪的型号）。若为伺服焊枪厂商,进行该步骤并保存 .cfg 文件,提供给最终用户。

图 5-46　单独保存伺服焊枪的 .cfg 文件

（39）若单击按钮"Save complete MOC"，则会生成完整的 MOC 文件。

（40）相关 ServoGun Setup 手册可以在安装完 ServoGun Setup 插件后在 RobotStudio 的帮助内查看（见图 5-47）。

图 5-47 ServoGun Setup 手册

5.2 单轴变位机

5.2.1 添加单轴变位机

ABB 工业机器人提供标准的变位机，以方便客户使用。但客户的现场应用繁杂，很多时候需要根据现场工况/工艺定制变位机。若自己设计变位机，则变位机中的电机需采用 ABB 工业机器人标准的外轴电机，如图 5-48 所示为机器人与单轴变位机。那机器人系统该如何配置该外轴与变位机？

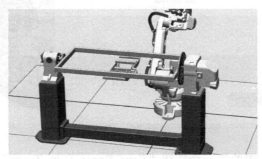

图 5-48 机器人与单轴变位机

（1）要使用外轴，机器人系统需要具有外轴选项（图 5-49 为虚拟系统，带有 3 个外轴选项）。

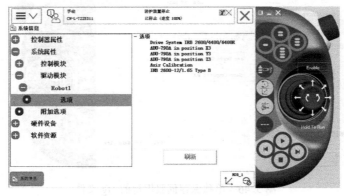

图 5-49 机器人系统具有的外轴选项

(2) 假设所购电机的型号为 MU200，则首先要获得该型号电机的.cfg 文件并导入机器人系统。

(3) MU200 电机的.cfg 文件可以从 "C:\ProgramData\ABB Industrial IT\Robotics IT\DistributionPackages\ABB.RobotWare-6.07.0130\RobotPackages\RobotWare_RPK_6.07.0130\utility\MotorUnits\MU200 (3HAC040407-001)\DM1" 路径获得。MOC_MU200_M7DM1_L1B1N7.cfg 即为 MU200 电机的配置文件。MOC_MU200_M7DM1_L1B1N7.cfg 文件名中的 M7 表示使用第一个外轴驱动；L1 表示外轴电机编码器反馈线接入第一块 SMB；N7 表示使用 SMB 中的 Node7 节点。若电机连接其他驱动，也可在该路径下找到相应文件。

(4) 单击 RobotStudio 控制器下的"加载参数"，将步骤（3）获得的.cfg 文件导入机器人系统并重启。

(5) 也可将步骤（3）获得的文件复制到 U 盘，进入示教器-控制面板-配置-I/O，单击左下角的"文件"，单击"加载参数"（见图 5-50），将 U 盘内的参数加载至机器人系统并重启。

图 5-50 单击"加载参数"

(6) 机器人系统重启后，进入示教器-控制面板-配置，主题选择 Motion，选择"Transmission"（减速比），如图 5-51 所示。根据实际需要修改"Transmission Gear Ratio"参数，如图 5-52 所示（不需要修改"Transmission Gear High"和"Transmission Gear Low"参数，该参数仅对关节处于独立模式时才有效）。

图 5-51 选择"Transmission"

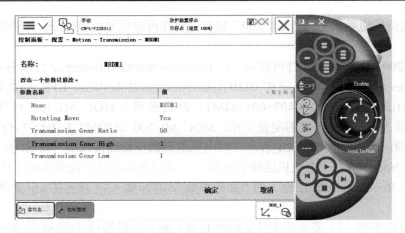

图 5-52 修改"Transmission Gear Ration"参数

(7) 单独移动外轴至零刻度位。参考 2.2.2 小节的微校,对外轴进行校准(设置零位)。

5.2.2 变位机的校准(四点法)

完成 5.2.1 节的设置后,变位机已经可以手动操纵了。对于变位机,通常希望机器人能与变位机准确联动,此时就需要设置变位机的 Base 坐标系相对于 World 坐标系的关系(通常机器人的 Base 坐标系与 World 坐标系一致)。

此处可以通过四点法来完成设置。设置前,要先建立准确的 Tool 数据(TCP)。变位机在校准过程中使用正确的 Tool。

(1) 进入手动操纵界面,选择正确的工具坐标,如图 5-53 所示。

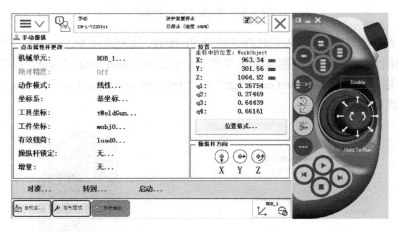

图 5-53 选择正确的工具坐标

(2) 进入示教器-校准,选择变位机,单击"基座",进入基座(Base)选项,如图 5-54 所示。

(3) 移动机器人工具至变位机标记的位置(见图 5-55),并单击"修改位置"记录位置(见图 5-56)。该点与稍后计算出的 Base 坐标系原点构成 Base 坐标系的 X 方向。

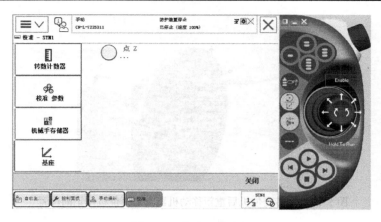

图 5-54 单击"基座"

图 5-55 移动机器人工具至变位机标记的位置

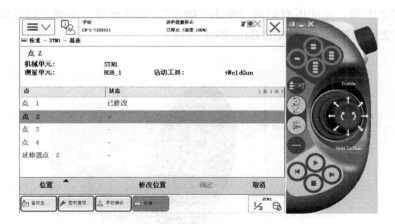

图 5-56 单击"修改位置"

(4) 变位机旋转一定的角度（如 45°），再次移动机器人工具至变位机标记的位置（见图 5-57），并单击"修改位置"记录第二个位置（见图 5-58）。

图 5-57　旋转变位机后重新移动机器人至变位机标记的位置

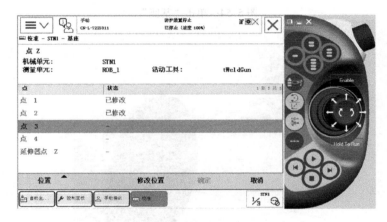

图 5-58　单击"修改位置"

(5) 同理记录点 3 和点 4。

(6) 移动机器人离开变位机并记录为延伸器点 Z，如图 5-59 所示，该操作仅设定变位机 Base 坐标系的 Z 方向。完成所有记录后单击"确定"，完成计算。步骤（3）记录的第一个位置与计算出的变位机 Base 原点构成 Base 的 X 方向。

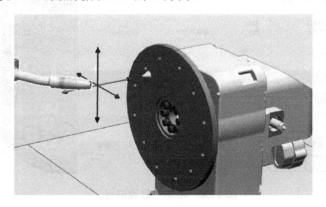

图 5-59　移动机器人，设置变位机 Base 坐标系的 Z 方向

(7) 进入示教器-控制面板-配置，主题选择 Motion，进入 Single，可以看到变位机的 Base

坐标系与 World 坐标系的关系（见图 5-60）。

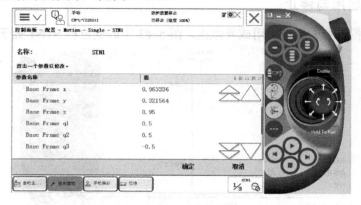

图 5-60　变位机的 Base 坐标系与 Wold 坐标系的关系

（8）在手动操纵界面，选择工件坐标并新建一个工件坐标系（见图 5-61）。修改该坐标系的"ufprog"参数为 FALSE，即"uframe"参数不能人为修改值；"ufmec"参数修改为变位机的名字，即该坐标系由变位机驱动，如图 5-62 所示。此后记录的点位坐标均在该坐标系下，可以轻易实现联动。机器人编程时，插入运动语句也使用该坐标系，即能完成机器人与变位机的联动。

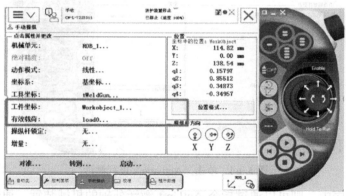

图 5-61　新建一个工件坐标系

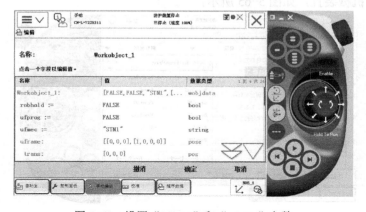

图 5-62　设置"ufprog"和"ufmec"参数

5.2.3 外轴的启用与停止

外轴可以根据需要人为地启用或者停止。图 5-63 中的变位机 STN1 处于未激活状态。

图 5-63　变位机 STN1 处于未激活状态

若要激活外轴，可以进入手动操作界面，切换到 STN1 的机械装置，单击"Activate"进行激活，如图 5-64 所示。

图 5-64　单击"Activate"进行激活

在 RAPID 程序中，则可以通过指令 ActUnit 激活外轴的机械装置，通过指令 DeactUnit 可以停用外轴的机械装置，如图 5-65 所示。

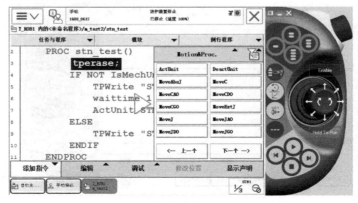

图 5-65　激活指令 ActUnit

若需要在程序中判断当前外轴是否激活，可以使用函数 IsMechUnitActive。函数的返回值为 TRUE，表示激活该外轴的机械装置；函数返回值为 FALSE，则表示未激活该外轴的机械装置，如图 5-66 所示。

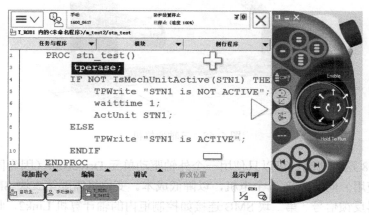

图 5-66　函数 IsMechUnitActive

若希望外轴开机时自动激活（使用的过程中不允许停用），可以进入控制面板-配置，主题选择 Motion，进入 Mechanical Unit 类别，选择变位机，将"Activate at Start Up"设置为 Yes（见图 5-67），并重启。此时该外轴的机械装置在开机时自动激活，并且不能通过手动操作或者程序指令停用该外轴的机械装置。

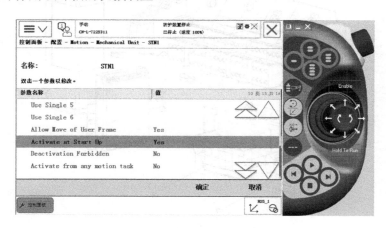

图 5-67　设置"Activate at Start Up"

5.3　使用轴选择器

现场的外轴通常为一个驱动单元（Drive Unit）连接一个电机。图 5-68 中的三轴变位机，在多数情况下不需要 3 个轴一起运动：大转台旋转到位后再旋转小转台，即 3 个转台不同时运动，同一时间只有一个轴运动。

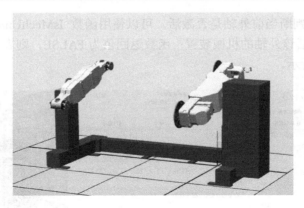

图 5-68 三轴变位机

类似图 5-68 这种情况，可以只使用一个外轴驱动单元 DriveUnit（因为同一时间只有一个电机被激活使用）同时连接 3 个电机，以降低成本。变位机需要第二块 SMB 板来接入 3 个电机的编码器反馈信号。第二块 SMB 连接如控制柜内的轴计算机 Link2。此时控制柜内会安装轴选择器（见图 5-69），用于控制驱动的输出与电机连接的通断，即某一时刻具体驱动控制哪一个电机。轴选择器对应部件的介绍如表 5-1 所示。

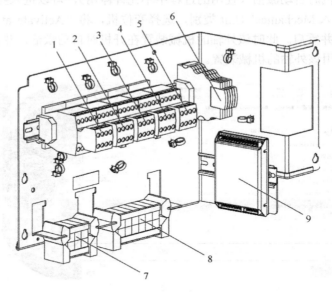

图 5-69 轴选择器

表 5-1 轴选择器中对应部件的介绍

序　号	内　　容
1	用于外轴电机 1 的接触器 K1
2	用于外轴电机 2 的接触器 K2
3	用于外轴电机 3 的接触器 K3
4	用于外轴电机 4 的接触器 K4

续表

序 号	内 容
5	用于外轴电机 5 的接触器 K5
6	用于控制外轴电机抱闸通断的辅助继电器 K11-K15
7	连接驱动单元接口
8	连接外轴电机接口
9	Digital I/O Unit

以图 5-68 中的一个外轴驱动连接 3 个电机为例。唯一的一个外轴驱动单元输出连接至图 5-69 中的驱动单元接口（位置 7）。驱动单元接口的输出同时连接至 3 个接触器 K1～K3（图 5-69 中的位置 1～3），并连接至图 5-69 中的外轴电机接口（位置 8）。接触器 K11、K12、K13 的通断，以及控制抱闸回路的继电器 K11、K12、K13（图 5-69 中的位置 6）的合拢/打开由图 5-69 中的 Digital I/O Unit（位置 9）控制。

以下为机器人系统的配置及使用方法：

（1）获取外轴电机的.cfg 配置文件。此处假设外轴电机均为 MU200 型号的外轴电机，且 3 个电机接入机器人系统第二块 SMB 的 1～3 号节点。进入"C:\ProgramData\ABB Industrial IT\Robotics IT\DistributionPackages\ABB.RobotWare-6.08.0134\RobotPackages\RobotWare_RPK_6.08.0134\utility\MotorUnits\MU200 (3HAC040407-001)\DM1"路径，获取如图 5-70 所示的 3 个电机的.cfg 配置文件。文件名 MOC_MU200-M7DM1_L2B1N1 中的 M7 表示驱动单元位于控制柜内的第一个附加轴驱动单元；L2 表示接入第二块 SMB，N1 表示接入 SMB 中的 1 号节点。

（2）导入图 5-70 中 3 个电机的.cfg 配置文件并重启机器人系统。

（3）进入"…\ABB Industrial IT\Robotics IT\DistributionPackages\ABB.RobotWare-6.05.0129\RobotPackages\RobotWare_RPK_6.05.0129\utility\AxisSelector"路径获取轴选择器的配置文件（见图 5-71）并导入机器人系统。图 5-71 中的 EIO_DRV_DM1.cfg 文件为图 5-69 中 Digital I/O Unit 的配置；EIO_M7DM1.cfg、EIO_M8DM1.cfg、EIO_M9DM1.cfg 文件为控制接触器和抱闸继电器的信号配置；MOC_AXIS_SELECTOR_M7DM1.cfg、MOC_AXIS_SELECTOR_M8DM1.cfg、MOC_AXIS_SELECTOR_M9DM1.cfg 文件为轴选择器的配置。

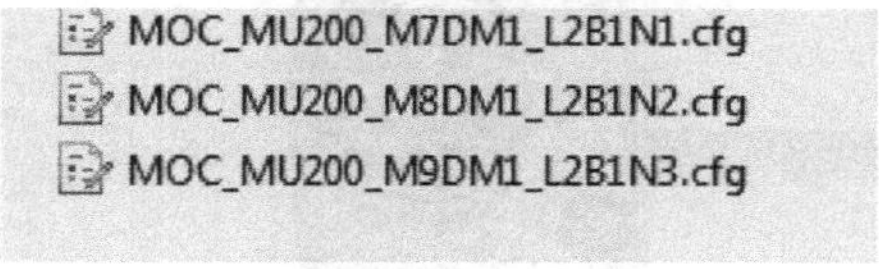

图 5-70 MU200 电机的.cfg 配置文件

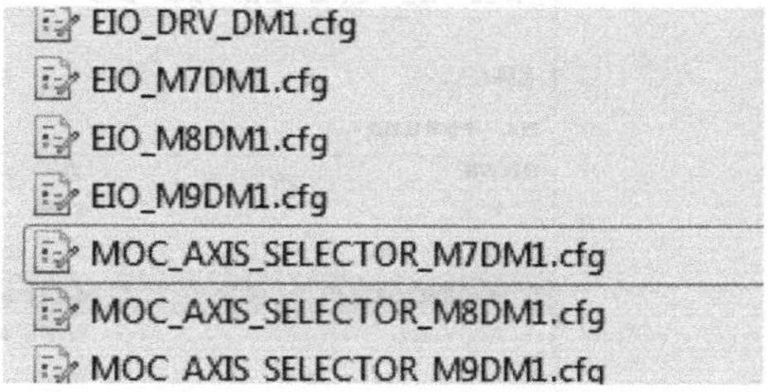

图 5-71 轴选择器的配置文件

（4）导入参数后重启机器人系统。

（5）进入示教器-控制面板，主题选择 Motion，选择"Drive System"，如图 5-72 所示。

图 5-72 选择"Drive System"

（6）单击"M8DM1"修改 M8DM1 的"Use Drive Unit"参数为 M7DM1（见图 5-73 和图 5-74），即外轴的 8 轴由 7 轴的驱动控制，同理修改 M9DM1 的参数。

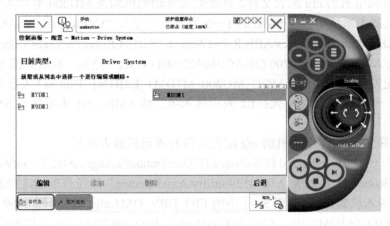

图 5-73 单击"M8DM1"

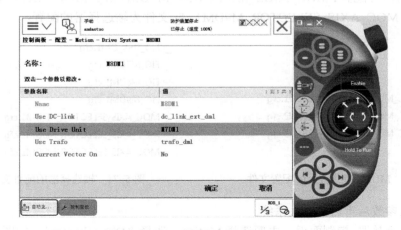

图 5-74 修改"Use Drive Unit"参数

（7）为了便于编程，修改外轴的"Logical Axis"位置，即把不同外轴位置的数据均记录在 Robtarget/Jointtarget 等数据中的外轴 7 轴位置（因为使用轴选择器，多个外轴不会同时激活，即不会同时使用）。

（8）进入控制面板-配置，选择主题 Motion，选择"Joint"，如图 5-75 所示。

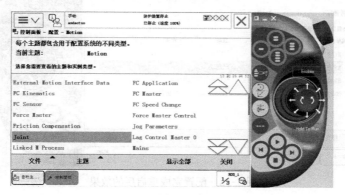

图 5-75 选择"Joint"

（9）单击"M8DM1"，修改 M8DM1 的"Logical Axis"参数为 7，如图 5-76 和图 5-77 所示，同理修改 9 轴。

图 5-76 单击"M8DM1"

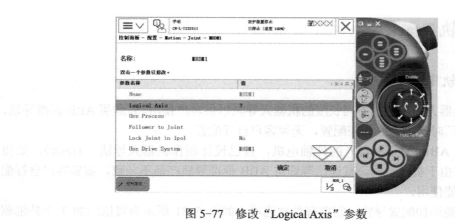

图 5-77 修改"Logical Axis"参数

（10）重启机器人系统后，进入手动操纵-激活界面，此时只能同时激活一个外轴，如图 5-78 所示。

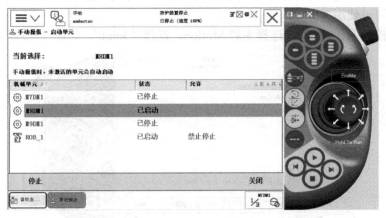

图 5-78　配置完成重启后的效果

（11）使用轴选择器时，由于同时只能激活一个机械单元，故在程序中要激活某外轴，必须先停用（DeactUnit）其他外轴，然后再增加 ActUnit 指令激活，如图 5-79 所示。

图 5-79　激活与不激活指令

5.4　添加导轨 Track

5.4.1　配置导轨 Track

ABB 工业机器人提供各类不同长度的机器人导轨以供客户使用。若购买 ABB 标准导轨，机器人系统在出厂时已经完成相应配置，无须客户自行配置。

若客户使用 ABB 工业机器人的外轴电机，自己设计制作机器人导轨（Track），如图 5-80 所示。此时由于机械结构、减速比等均与 ABB 标准导轨产品不一致，需要客户自行配置导轨参数后方能使用。

（1）机器人要添加配置导轨，需要有外轴选项。如图 5-81 所示为可以添加 3 个外轴驱动的虚拟系统。

第 5 章 外 轴 配 置

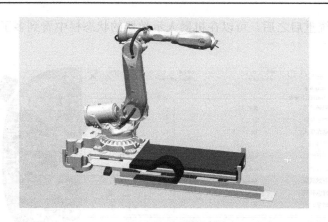

图 5-80 机器人与导轨

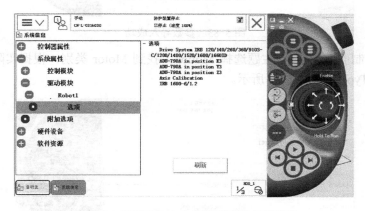

图 5-81 可以添加 3 个外轴驱动的虚拟系统

（2）进入"…\ABB.RobotWare-6.05.0129\RobotPackages\RobotWare_RPK_6.05.0129\utility\AdditionalAxis\Track\DM1\M7L1B1T_DM1.cfg"路径获取导轨的配置文件模板。文件 M7L1B1T_DM1.cfg 中的 M7 表示使用第一个外轴驱动单元；L1 表示使用机器人本体的 SMB 板；T 表示该配置文件为 Track 配置文件。

（3）将模板文件加载至机器人系统并重启，如图 5-82 所示，单击"加载参数"。

图 5-82 单击"加载参数"

（4）机器人系统重启之后，可以在机器人示教器的状态栏中看到多了一个外轴图标，如图 5-83 所示。

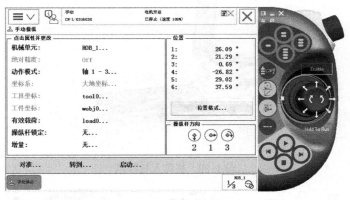

图 5-83　参数导入成功

（5）进入控制面板-配置，主题选择 Motion，找到 Motor 类别，根据实际需要选择电机型号 Use Motor Type，如图 5-84 所示。

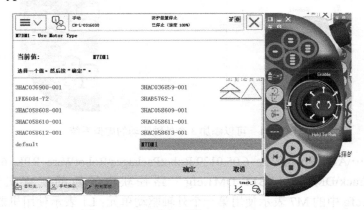

图 5-84　选择电机型号 Use Motor Type

（6）在手动操纵界面，机械单元切换到外轴，单击"启动"，激活外轴，如图 5-85 所示。

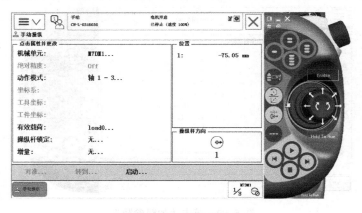

图 5-85　激活外轴

（7）若要修改导轨的名字，可进入示教器-控制面板-配置，主题选择 Motion，选择 "Mechanical Unit"（见图 5-86），修改外轴机械单元的名字。重启机器人系统后，导轨显示的名字已经被修改，如图 5-87 所示。

图 5-86　选择 "Mechanical Unit"

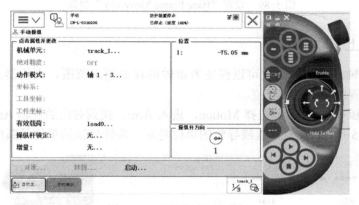

图 5-87　导轨名字已经修改

（8）进入控制面板-配置，主题选择 Motion，进入 Transmission，根据实际情况修改导轨的减速比（只需要修改 "Transmission Gear Ratio" 参数，"Transmission Gear High" 和 "Transmission Gear Low" 参数仅针对独立模式的关节），如图 5-88 所示。

图 5-88　修改 "Transmission Gear Ratio" 参数

（9）若机器人落于导轨，即机器人的 Base 坐标系被导轨驱动，则还需要进入控制面板-配置，主题选择 Motion，进入 Robot，设置"Base Frame Moved by"参数，其内容选择对应导轨的名称，如图 5-89 所示。

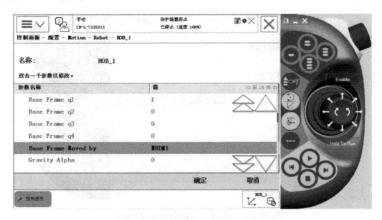

图 5-89　设置"Base Frame Moved by"参数

5.4.2　修改轴上下软限位

机械单元各轴的上下软限位可以保证若该轴的移动超出范围，则机器人触发报警并停止。软限位的设置应小于机械限位。

进入控制面板-配置，主题选择 Motion，进入 Arm，找到对应的外轴 Arm，修改外轴的上下限位（见图 5-90）。注意，直线导轨的单位是米，旋转外轴的单位是弧度。

图 5-90　修改外轴的上下限位

类似的，也可修改机器人本体各轴的上下限位（见图 5-91）。原则上各数据不能超过原始数据。注意，旋转轴的单位是弧度。

5.4.3　修改校准位置

若一个导轨上同时有 2 台机器人（见图 5-92）。2 台机器人的导轨（Track）零位都在导轨的左侧端。此时第二台机器人无法移动到导轨左侧端进行零位校准（转数计数器更新或者微校）。

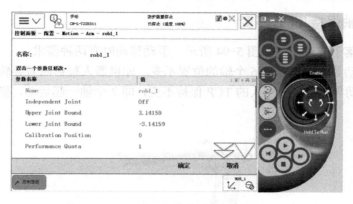

图 5-91 修改机器人本体各轴的上下限位

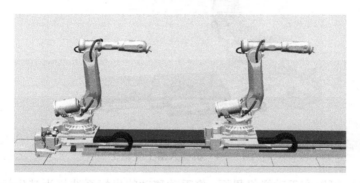

图 5-92 2 台机器人在一个导轨上

若 2 号机器人直接在导轨中间的位置校准，则此处位置会显示为零。若希望在导轨中间的位置校准后显示为 3m 或者其他数值，如何实现？

进入控制面板-配置，主题选择 Motion，进入 Arm，找到对应导轨（或者对应轴）。如图 5-93 所示，修改"Calibration Position"参数（如果是直线轴，单位为米；如果是旋转轴，单位为弧度），然后重启机器人系统。此时当机器人系统执行校准后，当前位置就会显示设置的数字而非零。

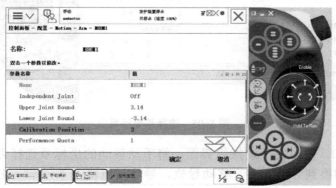

图 5-93 修改"Calibration Position"参数

5.4.4 移动外轴保持 TCP 不变

现场机器人落于导轨上,如图 5-94 所示。手动移动时有两种需求:

(1)希望移动导轨时机器人 6 个轴的位置不变,即机器人整体随着导轨移动;

(2)希望移动导轨时,机器人的 TCP 保持不变,即 7 个轴一起运动,移动导轨的情况下 TCP 不移动。

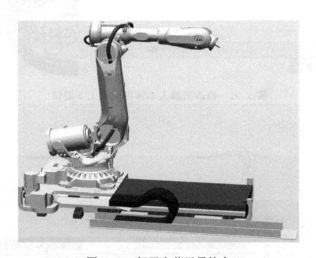

图 5-94 机器人落于导轨上

对于需求(1),可以在手动操纵界面,将手动移动的坐标系选择为基坐标系(见图 5-95)。此时切换到导轨界面,移动导轨,机器人整体随导轨移动。

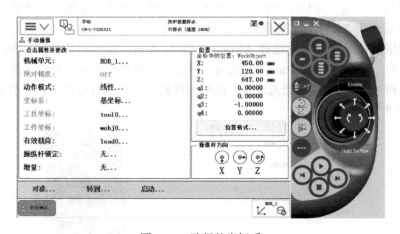

图 5-95 选择基坐标系

对于需求(2),可以在手动操纵界面,将手动移动的坐标系选择为大地坐标系(见图 5-96)。此时切换到导轨界面,移动导轨,导轨与机器人 7 个轴一起运动,保证 TCP 不移动。

第 5 章 外 轴 配 置

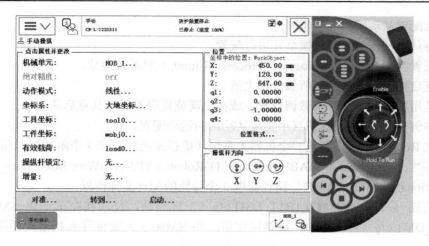

图 5-96 选择大地坐标

5.5 双电机主从动运动配置

现场物体较大，需放置在 2 个导轨上。2 个导轨由 2 个电机同时驱动（或者一个导轨由 2 个电机同时驱动），如图 5-97 所示，即从动轴电机严格跟随主动轴电机运动，以保证 2 个轴协调运动。

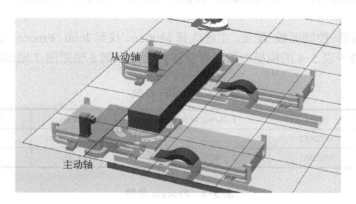

图 5-97 主动轴与从动轴

Electronically Linked Motors 功能用于实现各电机的主动／从动配置，如两根附加轴。从动轴的位置、速度和加速度会始终遵从主动轴的位置、速度和加速度。

如果主动轴与从动轴之间采用了刚性机械连接，便可使用扭矩从动函数。该功能并非把主动轴和从动轴的位置调整得一样，而是在各轴之间分配扭矩。主动轴和从动轴之间会出现少许位置误差，这具体取决于反冲和机械错配的情况。

Electronically Linked Motors 的主要用途是作为龙门式机器的驱动轴，但也可用基本功能来控制任何其他电机组。

以下为配置从动轴的一般步骤：
(1) 将从动轴作为一个机械单元进行配置。
(2) 配置类型 Linked M Process、Process 和 Joint 下的系统参数。
(3) 重启控制器，从而使所做改动生效。
(4) 使用服务例行程序来微调位置，或在出现位置误差后用其重启从动轴。

以下举例在 RobotStudio 仿真中实现从动轴的运动配置。
(1) 在 RobotStudio 中新建一个机器人系统（虚拟系统默认带 3 个附加轴选项）。
(2) 从 "…AppData\Local\ABB Industrial IT\Robotics IT\RobotWare\RobotWare_6.08.0134\utility\AdditionalAxis\Track\DM1" 路径获取 2 个导轨的配置文件模板。
(3) 将图 5-98 中的 M7L1B1T_DM1.cfg（7 轴驱动，反馈接在第一块 SMB 上）和 M8L2B1T_DM1.cfg（8 轴驱动，反馈接在第二块 SMB 上）文件导入机器人系统并重启机器人系统。

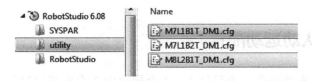

图 5-98 相关参数文件

(4) 机器人系统重启后 RobotStudio 会提示关联导轨模型。可以选择手动导轨关联导轨模型。
(5) 进入示教器-控制面板-配置，主题选择 Motion，找到 Joint、Process、Linked M Process 类型，根据表 5-2～表 5-4 的模板参数进行设置。此处举例 8 轴跟随 7 轴运动。

表 5-2 Joint 参数

Joint	Name	Follower to Joint	Use Process	Lock Joint in Ipol
	M7DM1			
	M8DM1	M7DM1	ELM_1	TRUE

表 5-3 Process 参数

Process	Name	Use Linked Motor Process
	ELM_1	Linked_m_1

表 5-4 Linked M Process 参数

Linked M Process	Name	Offset Adjust Delay time	Max Follower Offset	Max Offset Speed	Offset Speed Ratio	Ramp time	Master follower Kp
	Linked_m_1	0.2	0.05	0.05	0.33	1	0.05

(6) 配置完后重启机器人系统。进入手动操纵界面，切换到控制外轴，此时移动 7 轴，8 轴跟随移动，如图 5-99 所示。
(7) 对于实际的使用情况，从动轴参数还可通过示教器服务例行程序进行调节。

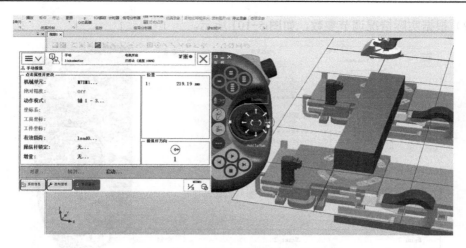

图 5-99 手动操纵界面

（8）默认机器人系统中无该服务程序，需要人为加载。

（9）对于真实机器人，进入示教器-资源管理器，找到"hd0a\<active system>\PRODUCTS\RobotWare_6.0x.xxxx\utility\LinkedMotors"路径中的文件 linked_m.sys，将该文件复制到 HOME 已激活系统的目录中。对于仿真机器人，可以从"C:\ProgramData\ABB Industrial IT\Robotics IT\DistributionPackages\ABB.RobotWare-6.08.0134\RobotPackages\Robot Ware_RPK_6.08.0134\utility\LinkedMotors"路径中获得文件 linked_m.sys。

（10）进入示教器-控制面板-配置，单击左下角的"文件"-"加载参数"，加载配置文件 LINKED_M_MMC.cfg 和 LINKED_M_SYS.cfg。对于真实机器人，这些文件存放在目录"hd0a\<active system>\PRODUCTS\RobotWare_6.0x.xxxx\utility\LinkedMotors"中。对于仿真系统，可以从"C:\ProgramData\ABB Industrial IT\Robotics IT\DistributionPackages\ABB.RobotWare-6.08.0134\RobotPackages\RobotWare_RPK_6.08.0134\utility\LinkedMotors"路径中获得 LINKED_M_MMC.cfg 和 LINKED_M_SYS.cfg 文件。

（11）加载完后重启机器人系统，进入示教器-程序编辑器-调试 PP 移至 Main，单击"调用例行程序"，进入如图 5-100 所示的界面，选择"Linked_m"，单击"转到"，并启动程序。

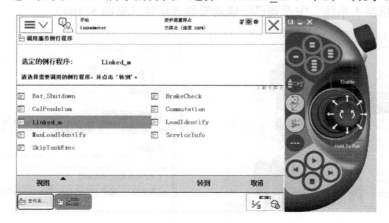

图 5-100 选择"Linked_m"

（12）根据实际情况调节参数，如图 5-101 所示。

图 5-101　根据实际情况调节参数

5.6　使用 External Axis Wizard 制作自定义三轴变位机

若用户使用的是自行设计的多轴变位机/导轨等，而非 ABB 提供的标准外轴设备，则用户需要自己修改机器人的 MOC 文件，以完成减速比、各轴相对位置关系、Base 坐标系等的设定。用户可以进入"C:\ProgramData\ABB Industrial IT\Robotics IT\DistributionPackages\ABB.RobotWare-6.08.0134\RobotPackages\RobotWare_RPK_6.08.0134\utility"路径获取相关模板并进行修改。

若用户已经有自行设计的变位机（见图 5-102）等模型，则可方便地通过 RobotStudio 插件 External Axis Wizard 完成一系列参数的自动设定并导入真实机器人系统。

单击 RobotStudio 软件中的"Add-Ins"，在搜索框中输入"External Axis Wizard"（见图 5-103）可以获取并下载安装外轴向导插件。安装完毕后，需重启 RobotStudio 软件。重启软件后可在"机器人系统"中看到已经成功安装该插件（见图 5-104）。

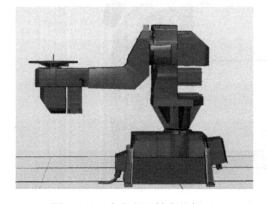

图 5-102　自定义三轴变位机

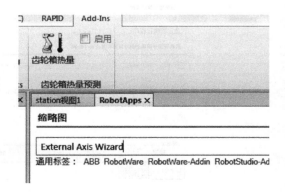

图 5-103　搜索 External Axis Wizard 插件

以下介绍创建图 5-102 所示的三轴变位机的机械装置及使用外轴向导完成外轴配置的过程。该机械装置由 3 个旋转轴和 4 个几何体构成（基座、垂臂、水平臂、转盘）。

（1）利用三维软件，如 SolidWorks 对变位机和导轨等进行建模并保存模型（在保存模型时，尽量以各旋转轴/直线轴为整体进行保存，选择轻量化保存）。

（2）在 RobotStudio 软件的"基本"菜单下，单击"导入几何体"图标，导入外轴数模（见图 5-105）。

图 5-104 外轴向导插件添加成功

图 5-105 导入外轴数模

（3）单击"建模"菜单中的"创建机械装置"图标（见图 5-106）。

（4）修改机械装置模型名称，选择机械装置类型为外轴（类型为外轴表示该装置可以由机器人联动控制），如图 5-107 所示。

图 5-106 创建机械装置

图 5-107 设置机械装置的参数

（5）鼠标右键单击图 5-107 中的"链接"，单击"添加链接"，如图 5-108 所示。

（6）修改链接名称，选择所选组件中作为整个机械装置基座的数模，勾选"设置为 BaseLink"，将其作为 BaseLink 的组件，单击中间向右的箭头，单击"应用"，完成设置，如图 5-109 所示。

（7）重复步骤（6），添加 L2、L3、L4 三个组件，如图 5-110～图 5-112 所示。此 3 个组件以基座组件为基座，且此 3 个组件不要勾选"设置为 Baselink"。

图 5-108 添加链接

图 5-109 设置链接的参数

图 5-110 添加 L2 链接

图 5-111 添加 L3 链接

（8）鼠标右键单击图 5-107 中的"接点"，单击"添加接点"。

（9）修改关节名称、设置关节类型和子链接等参数，如图 5-113 所示。各参数的解释如表 5-5 所示。设置完毕，可以单击操纵轴，移动测试该轴的运动是否与预期相符。

表 5-5 各参数的解释

参数类型	参数解释
关节类型	旋转的：表示旋转轴； 往复的：表示直线轴
关节轴	第一个位置和第二个位置构成 Axis Direction 方向向量。可设置第一个位置和第二个位置参数，或直接设置 Axis Direction 参数。 若外轴为旋转轴，绕 Axis Direction 旋转； 若外轴为直线轴，沿 Axis Direction 直线运动
父链接	该轴跟随父链接运动
子链接	选择跟随父链接运动的 Link
启动	勾选表示子链接在机械装置中可见
关节限值	该轴的运动上下限位

第 5 章 外 轴 配 置

图 5-112 添加 L4 链接

图 5-113 设置接点的参数

（10）重复步骤（9）操作，完成 J2 和 J3 两个关节的添加与参数设置（见图 5-114）。

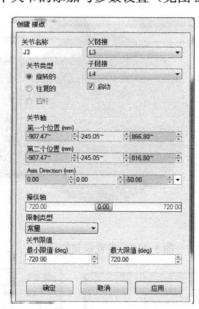

图 5-114 J2 和 J3 两个关节的添加与参数设置

（11）鼠标右键单击图 5-115 中的"框架"，单击"添加框架"。框架的位置决定后续其他设备安装于此变位机的位置。此处举例框架设置在变位机第三转轴的中心，如图 5-116 和图 5-117 所示为设置框架的参数和位置。

（12）鼠标右键单击图 5-118 中"校准"，单击"添加校准"，设置关节的校准数据，通常保持数据为 0 即可（见图 5-119）。

图 5-115 添加框架

图 5-116 设置框架的参数

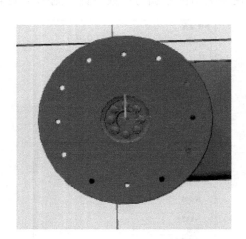

图 5-117 设置框架的位置

图 5-118 添加校准

图 5-119 设置各关节位置的校准

（13）图 5-118 中的依赖性表示某一关节运动时，另一依赖该关节的其他关节会相应产生运动，如气缸抓手的左气缸运动一定距离时，右气缸反向运动相同距离等。图 5-120 的设置表示 J1 运动一段距离，J2 运动相同距离。本小节涉及的如图 5-102 所示的变位机**不需要设置**依赖性。

（14）单击图 5-121 中的"编译机械装置"，完成外轴机械装置的制作。

图 5-120 依赖性的设置

图 5-121 单击"编译机械装置"

（15）此时在 RobotStudio 软件的"布局"页面中会出现机械装置图标，如图 5-122 所示。

（16）单击"基本"菜单下的"ABB 模型库"图标，导入机器人模型并调整机器人的位置。

（17）单击"基本"菜单下的"机器人布局"图标，单击"从布局创建系统"。第一次创建系统时仅选择机器人，不要勾选外轴（见图 5-123）。

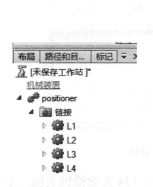
图 5-122 "布局"页面

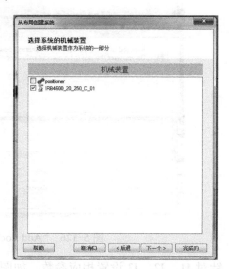
图 5-123 创建机器人系统

（18）待机器人系统创建成功并启动完毕后，再次单击"基本"菜单下的"机器人系统"图标，单击"External Axis Wizard"，如图 5-124 所示。

（19）同时勾选机器人（IRB4.600_20_250_C_01）和自定义外轴设备（positioner），如图 5-125 所示。

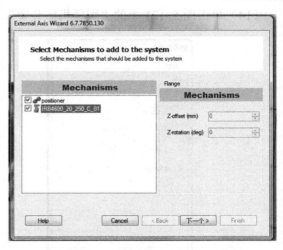

图 5-124　使用外轴向导（External Axis Wizard）　　图 5-125　同时勾选机器人和自定义外轴设备

（20）单击"下一个"。由于为虚拟系统，会默认添加一个虚拟锁定轴，在弹出的"Add locked axis"对话框中单击"OK"，如图 5-126 所示。

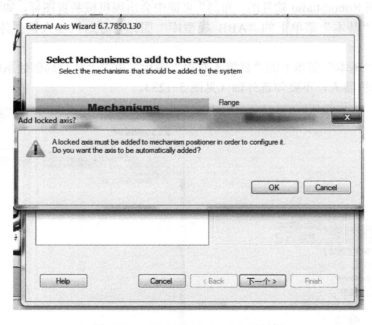

图 5-126　"Add Locked axis"对话框

（21）针对 J1、J2、J3 设置相应参数，如图 5-127 所示（J4 为虚拟锁定轴，不用设置）。参数解释如表 5-6 所示。

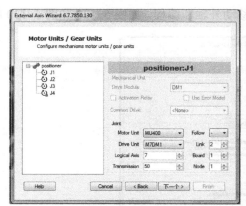
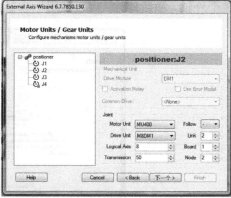
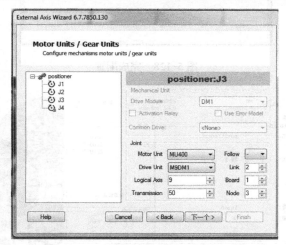

图 5-127　针对 J1、J2、J3 设置相应参数

表 5-6　参数解释

参数类型	参数解释
Motor Unit	外轴电机类型
Drive Unit	外轴驱动位置
Logical Axis	Robtarget、Jointtarget 等数据中记录外轴数据位置
Transmission	减速比
Link	轴计算机上的链接位置。通常机器人本体 SMB 连接 Link1，第二块 SMB 板连接 Link2
Node	该轴编码器反馈接入 SMB 中的第几个节点（需要和实际接线对应，一块 SMB 板最多支持 7 个节点）

（22）单击图 5-127 中的"下一个"，完成配置，如图 5-128 所示。可以将外轴的配置数据单独保存为 .cfg 文件，供后期现场导入使用。若勾选"Load configuration to system"，则系统会将外轴数据自动写入机器人系统并重启机器人系统。

（23）进入示教器，可以看到系统已经添加了机械装置（Mechanical Unit）positioner，该装置有 3 个外轴。激活外轴，可以使用示教器移动外轴和编程，如图 5-129 和图 5-130 所示。

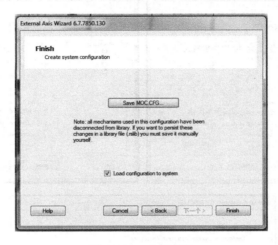

图 5-128　完成配置

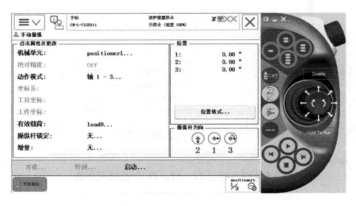

图 5-129　自定义变位机界面

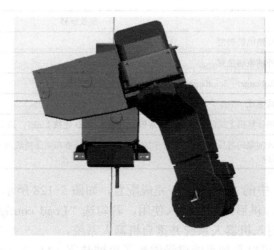

图 5-130　移动变位机

5.7 独立轴功能

机器人的 6 轴理论可以无限旋转（没有机械挡块）。实际应用中由于法兰上安装的工具有线缆，若 6 轴无限旋转，则线缆会缠绕或者破损。若前端工具没有额外线缆，则 6 轴法兰可以无限旋转。例如，直接带动打磨片打磨等。在另一些应用场合，也可让变位机某一轴无限旋转来配合机器人完成某些特定工艺。

ABB 工业机器人的某轴要无限旋转，需要有 610-1 Independent Axis 选项，如图 5-131 所示。

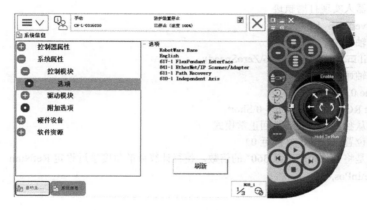

图 5-131　610-1 Independent Axis 选项

ABB 工业机器人不是所有轴都可无限旋转的。ABB 工业机器人通常支持 6 轴无限旋转、外轴无限旋转、4 轴理论上无限旋转（注意，实际中是否有挡块和管线包）。此处举例 6 轴无限旋转的设置与应用。

进入示教器-控制面板-配置，主题选择 Motion，在 Arm 下找到 rob1_6 轴，修改上下限位（单位为弧度）。理论上独立轴可以无限旋转，但为避免编码器示数超限，仍然设置上下限位（实际使用中，独立轴旋转一定时间后，建议停止并使用 IndReset 指令对电机位置进行复位）。设置"Independent Joint"参数为 On，如图 5-132 所示。重启机器人系统。

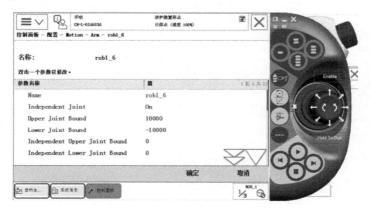

图 5-132　设置"Independent Joint"参数

机器人端的示例程序如下：

```
MoveL p0,v100,fine,tool0;
waittime\InPos,0.2;
IndCMove ROB_1,6,30;
!设置6轴为独立轴模式，并以每秒30°的速度开始运动
WaitUntil IndSpeed(ROB_1,6\InSpeed);
!等待6轴达到设定运行速度，此处为30°/s
WaitTime 0.2;
MoveL p1,v10,z50,tool0;
MoveL p2,v10,fine,tool0;
!移动机器人实现打磨轨迹
IndCMove ROB_1,6,0;
!停止6轴旋转
WaitUntil IndSpeed(ROB_1,6\ZeroSpeed);
!等待6轴速度为0
WaitTime 0.2;
IndReset ROB_1,6\RefNum:=0\Short;
!将6轴从独立轴模式切换回正常模式
!将该轴位置进行复位（接近0）
!实质就是将当前角度加减360°的倍数，使得计算后的角度接近设定RefNum
waittime\InPos,0.2;
```

第 6 章　输送链跟踪

6.1　输送链跟踪原理

现场有产品在输送链上运动，如图 6-1 所示。为追求生产节拍，输送链通常不会停止。此时机器人若要抓取输送链上的产品，就要对输送链上的产品进行跟踪，在抓取的"一刻"使得机器人的末端工具与产品相对静止，完成抓取。

输送链的运动速度可能实时发生变化，故机器人要准确完成追踪，就需要在输送链端安装编码器，以实时获取输送链的运动情况。

图 6-1　产品在输送链上运动

ABB 工业机器人要有专门针对输送链跟踪的 606-1 Conveyor Tracking 选项来实现输送链跟踪功能。

ABB 工业机器人输送链的跟踪原理如下：

（1）图 6-2 中的产品从左往右流动。当产品经过 A 处的同步开关并触发同步开关信号时，该产品被机器人识别并放入机器人内部队列。

（2）D 为输送链跟踪开始窗口（Start Window）的宽度，即当产品进入该区域，并且机器人空闲（机器人完成上一次跟踪任务），机器人会去跟踪该产品。若机器人空闲时产品已经超过 Start Window，则该产品被放弃。

（3）F 为同步开关到开始窗口的距离。由于现场通常抓取的工作范围与同步传感器

（Sensor）的距离较远，故设置该距离。

（4）G 为最大跟踪距离，即若产品在该范围内，机器人还没有完成跟踪动作，该产品会被放弃。

（5）C 为最小跟踪距离，通常为 0。理论上若输送链倒退运行，机器人也可倒退跟踪。

（6）B 为产品的工件坐标系，即当产品进入 Start Window 后，该坐标系由输送链驱动。

图 6-2 中标注的解释如表 6-1 所示。

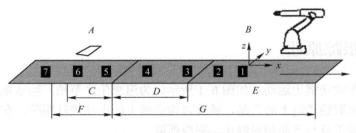

图 6-2 输入链跟踪原理

表 6-1 图 6-2 标注的解释

A	同步开关的位置
B	产品的工件坐标系
C	最小跟踪距离
D	开始窗口的宽度
E	工作区域
F	同步开关到开始窗口的距离
G	最大跟踪距离
1～7	输送链上工件的位置示意图

6.2 输送链跟踪选项与硬件

在 RobotWare5 与 RobotWare6 中，均可选择基于 606-1 Conveyor Tracking 选项（见图 6-3）的输送链跟踪。该选项最多同时实现 4 条输送链跟踪功能，队列长度最大可达 254 个工件。

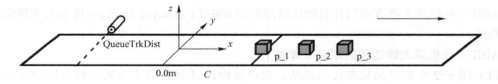

图 6-3 输送链跟踪位置解释

6.2.1 采用 DSQC 377B 硬件

DSQC 377B 硬件如图 6-4 所示，该硬件基于 DeviceNet 总线，在 RobotWare5 和 RobotWare6

中均可使用，每块板卡支持一路输送链。

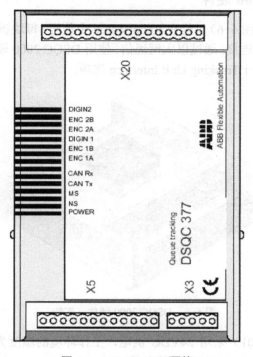

图 6-4　DSQC 377B 硬件

DSQC 377B 硬件在 IRC5 中的硬件选项为 726-1，24VDC 供电。基于 DeviceNet 总线通信，通信速率为 500kbps，有 1 个双向编码器输入口和 1 个传感器信号接口，防护等级为 IP20。

DSQC 377B 硬件中的 X5 为 DeviceNet 标准接线，具体参考 3.1.3 节内容。X20 为编码器与同步开关之间的电气接口，如图 6-5 所示为 DSQC 377B X20 接口的接线示意图。

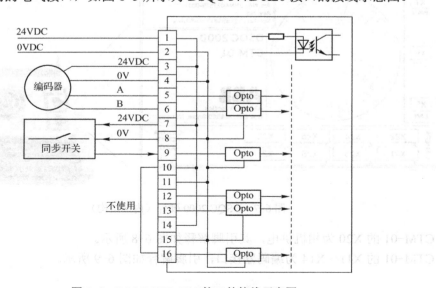

图 6-5　DSQC 377B X20 接口的接线示意图

6.2.2 采用 DSQC 2000 硬件

DSQC 2000 硬件（见图 6-6）仅能在 RobotWare6 中使用，每块板卡支持最多 4 路输送链。该硬件与控制器通过网口连接，通过以太网通信。使用 DSQC 2000 硬件，机器人还需要 616-1 PC Interface 选项和 1552-1 Tracking Unit Interface 选项。

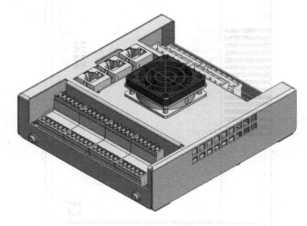

图 6-6　DSQC 2000 硬件（实物）

DSQC 2000（CTM-01）采用 24VDC 供电，工作环境的温度为+5℃～+65℃。有 3 个 RJ45（X5、X6 和 X7）、4 个双向编码器输入接口（X11～X14）、8 个传感器信号接口（X21～X28），防护等级为 IP20，如图 6-7 所示。

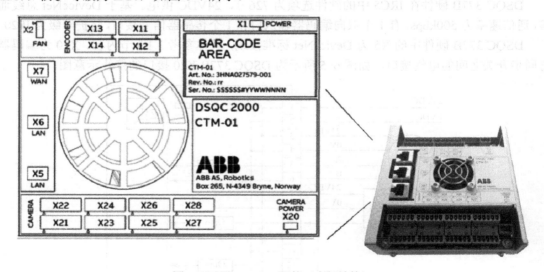

图 6-7　DSQC 2000 硬件（内部结构）

CTM-01 的 X20 为相机供电，其引脚解释如图 6-8 所示。
CTM-01 的 X11～X14 为编码器接口，引脚解释如图 6-9 所示。

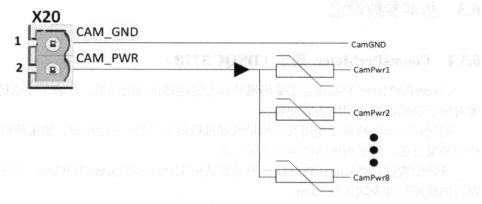

图 6-8 X20 的引脚解释

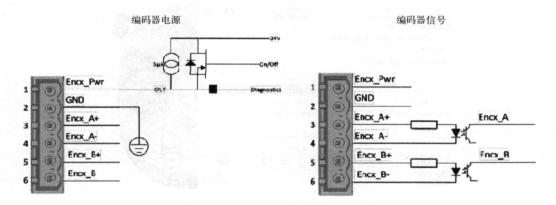

图 6-9 X11～X14 端的针脚解释

CTM-01 的 X21～X28 为同步及触发信号接口,引脚解释如图 6-10 所示。

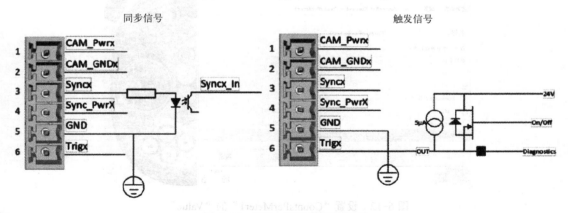

图 6-10 X21～X28 的引脚解释

6.3 基本参数设定

6.3.1 CountsPerMeter 设定（DSQC 377B）

CountsPerMeter 参数决定了编码器计数与输送链位置的关系，代表了输送链实际行走每米对应于编码器产生相应的脉冲数。

测量时，该参数可以使用卷尺测量或通过机器人 TCP 进行校准。如果使用机器人 TCP 作为测量设备，则必须使用准确定义的工具。

开始配置前，将 CountsPerMeter 设为默认值 10000，将 QueueTrckDist（同步开关到开始窗口的距离）设为默认值 0.0m。

（1）进入控制面板-配置，主题选择 I/O，选择"DeviceNet Command"，如图 6-11 所示。

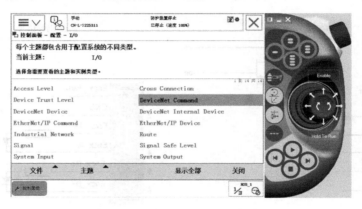

图 6-11 选择"DeviceNet Command"

（2）将"CountsPerMeter1"的"Value"设置为 10000，如图 6-12 所示。

图 6-12 设置"CountsPerMeter1"的"Value"

（3）将"QueueTrckDist1"的"Value"设置为 0，如图 6-13 所示。

第 6 章 输送链跟踪

图 6-13 设置"QueueTrckDist1"的"Value"

（4）将工件移动到同步开关，并停止输送链。从手动操作界面读取输送链当前位置为 position1（见图 6-14）的值，并用 Marker 笔在输送线体非移动部分标记该位置。

图 6-14 读取 position1 的值

（5）移动输送链实际运动至少 1m，停止输送链，从手动操作界面读取输送链当前位置为 position2 的值，并用 Marker 笔在输送线体非移动部分标记该位置。使用卷尺或机器人 TCP 测量 position2 和 position1 之间的实际距离 measured_meters。参数 CountsPerMeter1：

$$\text{CountsPerMeter1} = (\text{position2} - \text{position1}) * 10000 / \text{measured\_meters} \qquad (6-1)$$

式中：CountsPerMeter1——输送链运行 1m 对应的编码器脉冲数；

position2——位置 2 的值；

position1——位置 1 的值。

（6）将计算得到的 CountsPerMeter1 填入图 6-15 中。

6.3.2 其他参数

（1）进入控制面板-配置，主题选择 I/O，选择 DeviceNet Command，进入 StartWinWidth1 设置开始窗口（单位为 mm），如图 6-16 所示。

图 6-15　修改"CountsPerMeter1"的"Value"

图 6-16　设置开始窗口

（2）进入控制面板-配置，主题选择 Process，选择 Conveyor Systems，输送链的相关参数如表 6-2 所示。

表 6-2　输送链的相关参数

参数	说明
Sync Filter	设定系统最近接受同步信号到下个同步信号到达前输送链可以移动的可靠距离，这取决于同步开关检测物体的尺寸
Min./Max Distance	决定了工件跟踪的最小/最大距离
Adjustment Speed	机器人移动至首个跟踪点时的速度

6.3.3　输送链坐标系校准

输送链跟踪的准确性取决于输送链坐标系的准确性。对于线式输送链，通常使用机器人的 TCP 测量输送链坐标系的位置和方向，如图 6-17 所示。其中 IRB 为机器人，输送链上的坐标系为跟踪坐标系。

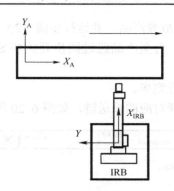

图 6-17 机器人与输送链坐标系的关系

在校准输送链坐标系之前,请确认 CountsPerMeter 和 QueueTrckDist 的正确性。通常采用 4 点法来测量输送链坐标系,如图 6-18 所示,即在输送链上移动同一工件在 4 个不同的位置(图 6-18 中的 p_1、p_2、p_3、p_4 位置),并用示教器记录 4 点的位置。

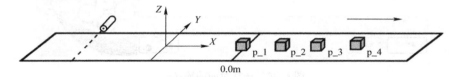

图 6-18 4 点法测量输送链坐标系

(1)进入示教器-程序数据,新建一个坐标系,如 wobj_cnv1,如图 6-19 所示。其中,ufmec 表示该坐标系由输送链驱动,机械单元的名字为"CNV1"。

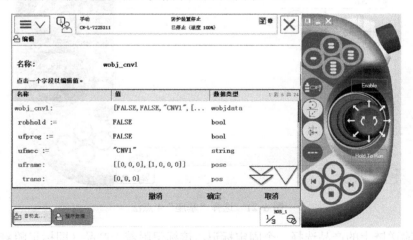

图 6-19 新建坐标系

(2)新建例行程序,插入以下代码。

```
ActUnit CNV1;
!激活输送链机械装置
WaitWObj wobjcnv1;
!等待工件坐标系被连接
```

（3）在输送链的同步开关前放置产品，并运行步骤（2）的代码。

（4）产品会被输送链移动，直至产品经过同步开关和 Start Window 的 0.0m 处，停止程序。

（5）此时步骤（2）代码执行完毕。

（6）进入示教器-校准，选择对应的输送链，如图 6-20 所示。

图 6-20　选择对应的输送链

（7）选择"基座"4 点法，如图 6-21 所示。

图 6-21　选择"基座"4 点法

（8）在输送链上的产品选择一个固定标记，该标记附着于产品（即标记随着产品移动而移动）。在机器人示教器"手动操作"界面，选择正确的工具坐标系，移动机器人使得机器人上安装的工具到达产品上的标志位置，完成第一个点（点 1）的示教，即 Start Window 的 0.0m 处，如图 6-22 所示。

（9）移动输送链一段距离，再次移动机器人的 TCP 到产品上标记的位置，完成第二个点（点 2）的示教，如图 6-23 所示。

（10）依次完成点 3 和点 4 的"修改位置"并完成校准，如图 6-23 所示。

图 6-22 完成第一个点的位置记录

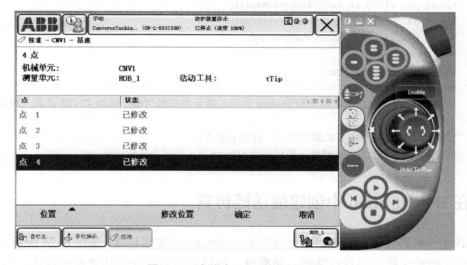

图 6-23 完成点 2~4 的位置记录

6.4 输送链相关指令

（1）指令 WaitWObj 用于链接开始窗口内第一个队列内的工件。

ActUnit CNV1;
ConfL/Off;
MoveL p10, v1000, fine, tool;
WaitWObj wobjcnv1;
!激活当前输送链，关闭轴配置读取功能，移动到 p10 点后，等待 CNV1 上的工件进入开始窗口
!在 WaitWObj 指令前的运动语句一定要使用 fine 做转弯半径参数，阻止机器人程序预读
!在 WaitWObj 指令前的运动语句一定要使用固定坐标系，不可使用由输送链驱动的移动坐标系

（2）指令 DropWObj 用于断开当前链接的工件，为链接下一个开始窗口内的工件做准备。

```
MoveL p70, v500, fine, tool1;
DropWObj wobjcnv1;
MoveL p10, v500, fine, tool1;
!移动到 p70 点后，断开对 CNV1 上工件的链接，然后回到 p10 点
!在 DropWObj 指令前的运动语句一定要使用 fine 做转弯半径参数，阻止机器人程序预读
!在 DropWObj 指令前的运动语句一定要切换回固定坐标系，不可使用由输送链驱动的移动坐标系
```

（3）常用输送链跟踪基本举例。

```
ConfL\Off;
MoveJ pHome, vmax, fine, tool1\Wobj:=wobj0;
ActUnit CNV1;
WaitWObj wobjcnv1;
MoveL p10, v1000, z1, tool1\Wobj:=wobjcnv1;
MoveL p20, v1000, z1, tool1\Wobj:=wobjcnv1;
MoveL p30, v500, z20, tool1\Wobj:=wobjcnv1;
MoveL p40, v500, fine, tool1\Wobj:=wobj0;
DropWObj wobjcnv1;
MoveL pHome, v500, fine;
DeactUnit CNV1;
!关闭轴配置读取功能，移动到 pHome 点后，激活当前输送链，等待 CNV1 上的工件进入开始窗口
!等工件到位后从 p10 开始跟踪作业，直到 p40 点后
!断开对 CNV1 上工件的链接，然后回到 pHome 点，关闭当前输送链
```

6.5 在 RobotStudio 中创建输送链仿真

ABB 工业机器人的输送链跟踪可以在 RobotStudio 中实现仿真，如图 6-24 所示。仿真时不需要实际的输送链编码器反馈值。仿真时，可以实现对产品周边轨迹的跟踪，也可通过 RobotStudio 中的 Smart 组件功能实现基于输送链的跟踪、抓取和码垛。

（1）打开 RobotStudio，新建空的工作站。

（2）单击"基本"菜单下的"ABB 模型库"图标，导入机器人模型；单击"导入模型库"图标，导入输送链模型；单击"导入几何体"图标，导入产品模型。

（3）单击"基本"菜单下的"机器人系统"图标，然后单击"从布局"建立系统，如图 6-25 所示，创建时添加 606-1 Conveyor Tracking 选项，如图 6-26 所示。

（4）单击"建模"菜单下的"创建输送带"图标，设置输送带参数，如图 6-27 所示。

（5）设置输送链的起始点，选择传送带结构［步骤（2）中导入的几何模型］，设置传送带长度（虚拟站中的传送带总长度），如图 6-28 所示。

（6）鼠标右键单击"布局"下的"输送链"下的"连接"，单击"创建连接"，如图 6-29 所示。

第 6 章　输送链跟踪

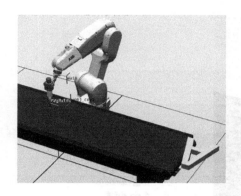

图 6-24　在 RobotStudio 中实现输送链跟踪的仿真

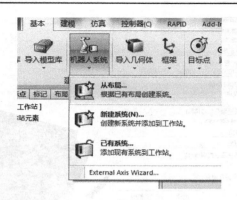

图 6-25　建立系统

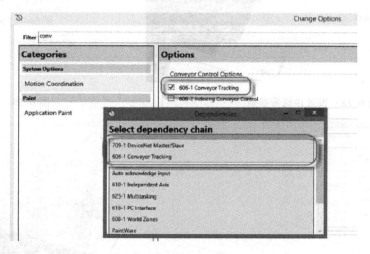

图 6-26　添加 606-1 Conveyor Tracking 选项

图 6-27　创建输送带

（7）设置偏移（同步开关到开始窗口的距离）、启动窗口宽度（图 6-30 中的启动窗口，即产品进入启动窗口区域且机器人空闲，机器人会去跟踪产品）、最小跟踪距离和最大跟踪距离等，如图 6-30 所示。完成后控制器会重新启动。

（8）鼠标右键单击"输送链"下的"对象源"，单击"添加对象"，如图 6-31 所示。

（9）选择部件[步骤（2）中导入的产品几何体]，设置节距（仿真时两个产品之间的距离），单击"创建"，如图 6-32 所示。此时产品会消失。

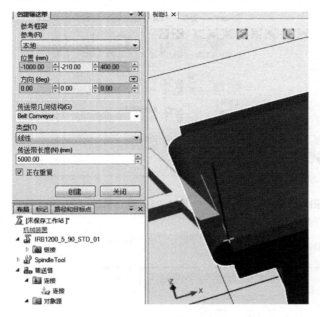

图 6-28　设置传送带参数　　　　　图 6-29　创建连接

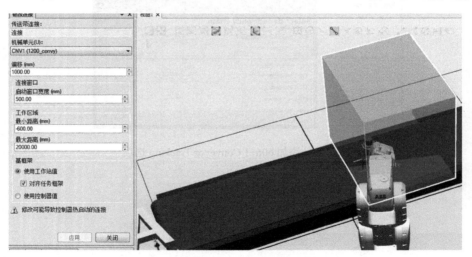

图 6-30　设置属性

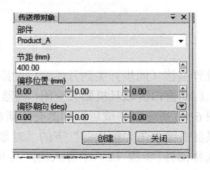

图 6-31　添加对象　　　　　图 6-32　设置节距

（10）鼠标右键单击"对象源"下加入的产品，单击"放在传送带上"，如图 6-33 所示，此时产品会自动出现在输送链的开始端。

（11）带输送链跟踪的机器人系统会默认添加一个由输送链驱动的坐标系 wobj_cnv1。此时需要将产品和该坐标系连接。鼠标右键单击产品，单击"连接工件"，如图 6-34 所示。此时产品上会出现该坐标系的名字，如图 6-35 所示。

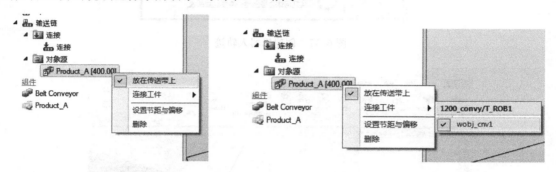

图 6-33　将产品放置在传送带上　　　　　图 6-34　连接工件

（12）可以单击图 6-36 中的"操纵"。此时若移动产品，则坐标系会与产品一起运动。

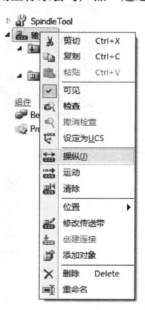

图 6-35　已经连接由输送链驱动的坐标系　　　图 6-36　手动操作输送链

（13）操纵产品到机器人可达的位置，使用正确的工具坐标系和 wobj_cnv1 创建轨迹。单击"基本"菜单下的"路径"图标，然后单击"自动路径"完成自动轨迹的创建，如图 6-37 和图 6-38 所示。

（14）调整机器人点位姿态，确保机器人的可达性。

（15）单击"基本"下的"同步"，然后单击"同步到 RAPID"，将轨迹代码下载到控制器，如图 6-39 所示。

图 6-37 创建机器人轨迹

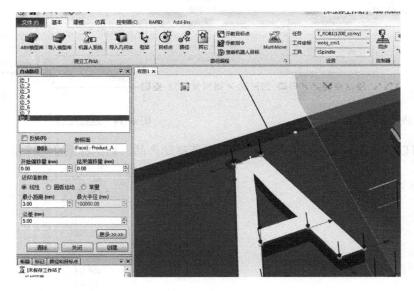

图 6-38 完成机器人轨迹

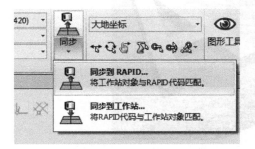

图 6-39 将代码同步到 RAPID

（16）输送链跟踪的机器人示例程序如下。

```
PROC main()
    ActUnit CNV1;
    !激活输送链
    ConfL\Off;
    !关闭轴配置监控，机器人如果以原有轴配置参数走不到，则机器人会自动重算轴配置数据
```

第 6 章 输送链跟踪

```
MoveJ pHome,v1000,fine,tSpindle\WObj:=wobj0;
!机器人走到 pHome 位置，使用 fine 转弯半径阻止机器人程序预读
!在使用 WaitWObj 指令前的运动语句一定要使用转弯半径参数 fine
WHILE TRUE DO
    WaitWObj wobj_cnv1;
    !等到输送链工件坐标与产品连接
    MoveL Target_10,v5000,z10,MyGripper\WObj:=wobj_cnv1;
    MoveL Target_20,v5000,z10,MyGripper\WObj:=wobj_cnv1;
    MoveL Target_30,v5000,z10,MyGripper\WObj:=wobj_cnv1;
    MoveL Target_40,v5000,z10,MyGripper\WObj:=wobj_cnv1;
      MoveJ pHome,v1000,fine,tSpindle\WObj:=wobj0;
    !在断开与跟踪坐标系的连接之前，移动到固定位置。此时运动转弯半径参数必须使用 fine
    !运动语句的坐标系必须选择为固定坐标系，如 wobj0
    DropWObj wobj_cnv1;
    !断开工件坐标系与产品的连接
ENDWHILE
ENDPROC
```

第 7 章 World Zones 配置

World Zones 的作用是若机器人位于用户专门定义的区域内（外）时停止该机器人或设置一个输出信号。以下是一些应用示例：

（1）当两台机器人的工作区域部分重叠时，可通过 World Zones 监控来安全地消除这两台机器人相撞的可能性。

（2）当该机器人的工作区域内有某种永久性障碍或某些临时外部设备时，可创建一个禁区来防止机器人与此类设备相撞。

（3）指明相关机器人正处在一个"允许用可编程逻辑控制器（PLC）来开始执行程序"的位置。

在程序执行期间和点动期间，如果相关机器人的 TCP（仅监控机器人当前正在使用的 TCP）触及该全局区域，或相关的轴触及了关节上的全局区域，那么设置一个数字输出信号或者停止相关移动（根据相关设置指令执行）。

使用 World Zones 功能，机器人必须有 608-1 World Zones 选项（建立虚拟系统时，可以勾选图 7-1 中的"自定义选项"，添加 608-1 World Zones 选项）。

图 7-1　勾选"自定义选项"

7.1　基于区域的 World Zones 设置

使用基于区域的 World Zones 功能时，可以设置相关区域（Box 方盒型、Cylinder 圆柱体、Sphere 球体），实时检测机器人当前的 TCP 是否在区域内，并设置相关输出信号。如图 7-2 所示，当前机器人的 TCP:tWeldGun 已经处于方盒型区域内，对应的 do0 输出信号被置为 1。若机器人的 TCP 离开该区域，则 do0 输出信号为 0（在机器人手动移动和运行程序时皆有效）。

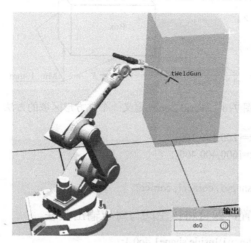

图 7-2　World Zones 效果示意图

使用基于 World Zones 的区域信号输出时，先要创建输出信号。创建输出信号的方法见 3.1.4 节内容。注意，该信号的 Access Level 必须设置为 ReadOnly（只读），如图 7-3 所示，即该信号不能人为强制或者被其他程序/信号控制。

图 7-3　设置 Access Level

使用基于区域的 World Zones 功能时，需要两句设置指令，即设置区域和将区域与对应的输出信号关联。World Zones 的设置指令通常只需要运行一次即可。多次运行会提示 World Zones 区域已经使用。

7.1.1　Box

图 7-4 为 World Zones 定义一个立方形区域的方法。定义的立方形区域的坐标系与世界坐标系的各轴平行，且由相反角 corner1 和 corner2 定义该区域。Inside 参数表示监控该区域的内部。区域设置指令如下：

```
VAR shapedata volume;
```

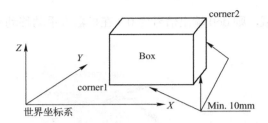

图 7-4 World Zones 定义一个立方形区域的方法

```
CONST pos corner1:=[200,100,100];
CONST pos corner2:=[600,400,400];
...
WZBoxDef \Inside, shape1, corner1, corner2;
```

完成立方体空间的设置，即可将该空间与对应输出关联。

```
WZDOSet\Temp,wztemp1\Inside,shape1,do0,1;
```

使用该设置语句表示当机器人的 TCP 处于空间 shape1 内时，do0 输出信号为 1，否则为 0。参数 Inside 表示在该区域内。

参数 Temp 与后面的数据 wztemp1 对应，表示该区域是临时全局区域，并可用在 RAPID 程序中的任何位置。临时全局区域可通过 RAPID 指令来禁用、重新启用或擦除临时全局区域。

若使用"WZDOSet\Stat,wzstat1\Inside,shape1,do0,1"指令，其中参数 Stat 与后面的数据 wzstat1 对应，表示该区域是固定全局区域，并仅能用在与事件"开机上电 Power ON"相关联的一则事件例程中。固定全局区域会始终处于激活状态，而重启（先关闭电源，然后打开电源，或更改系统参数）则会再次激活此类区域。无法通过 RAPID 指令来禁用、启用或擦除固定全局区域。如果涉及安全问题，则应使用固定全局区域。

World Zones 的相关指令均位于 MotionSetAdv 指令集中，如图 7-5 所示。基于立方体的 World Zones 的设置语句如图 7-6 所示。

图 7-5 MotionSetAdv 指令集

图 7-6 基于立方体的 World Zones 的设置语句

7.1.2 Cylinder

设置圆柱形区域的示意图如图 7-7 所示。定义底圆中心为 C2、半径为 R2 且高度为 H2 的圆柱体，单位为 mm：

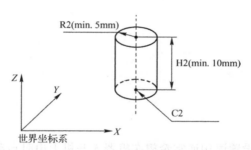

图 7-7 设置圆柱形区域的示意图

```
VAR shapedata volume;
CONST pos C2:=[300,200,200];
CONST num R2:=100;
CONST num H2:=200;
...
WZCylDef \Inside, volume, C2, R2, H2;
```

7.1.3 Sphere

设置球形区域的示意图如图 7-8 所示。根据球体中心 C1 及其半径 R1，定义命名为 "volume" 的球体，单位为 mm：

```
VAR shapedata volume;
CONST pos C1:=[300,300,200];
CONST num R1:=200;
...
```

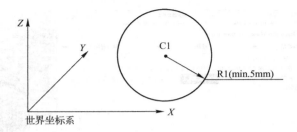

图 7-8　设置球形区域的示意图

WZSphDef \Inside, volume, C1, R1;

7.1.4　Event Routine

Event Routine，事件例行程序，即该例行程序的执行由特殊事件触发。程序停止等专用系统事件可与一则 RAPID 例程连接起来。当发生事件时，系统便会自动执行所连接的事件例程。一则事件例程由一条或多条指令组成。该例程会在参数 Task 或 All Tasks 指定的任务中运行。

以下事件均可触发 Event Routine：

（1）Power On。

（2）Start。

（3）Step。

（4）Restart。

（5）Stop。

（6）QStop。

（7）Reset。

World Zones 的相关设置语句通常希望在机器人开机上电时自动运行一次。可将 7.1.1～7.1.3 节编写的 World Zones 例行程序设置为 Event Routine，由开机上电事件触发。

（1）进入示教器-控制面板-配置，主题选择 Controller，选择"Event Routine"，如图 7-9 所示。

图 7-9　选择"Event Routine"

（2）单击"添加"，选择触发事件 Event，此处可以选择 Power On 开机上电。输入触发的例行程序名字，设置其他相关参数，如图 7-10 所示。完成设置后重启系统，这样该程序即可在开机后自动运行。

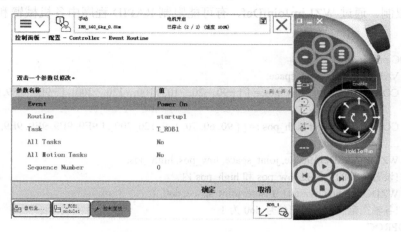

图 7-10　设置 Event Routine 的相关参数

7.2　基于轴范围的 World Zones 设置

7.1 节所述的内容为基于区域的 World Zones 功能，可以监控当前机器人正在使用的 TCP 在设置的区域内（外）时给出相应的输出信号。World Zones 功能也可监控各个轴的数据信息并根据设置给出对应的输出信号。

7.2.1　Home 输出

WZHomeJointDef 指令用于定义关节坐标系中的全局区域，以便将机械臂和外轴作为 Home 或 Service 位置。

```
PROC power_on()
VAR shapedata joint_space;
CONST jointtarget home_pos := [ [ 0, 0, 0, 0, 0, -45], [ 0, 9E9, 9E9, 9E9, 9E9, 9E9] ];
CONST jointtarget delta_pos := [ [ 2, 2, 2, 2, 2, 2], [ 5, 9E9, 9E9, 9E9, 9E9, 9E9] ];
...
WZHomeJointDef \Inside, joint_space, home_pos, delta_pos;
!home_pos 为 Home 位置，delta_pos 为各轴允许的正负范围
!此处设置 Home 位置的 6 个轴为 0,0,0,0,0, -45，并且允许各轴有正负 2°的误差
WZDOSet \Stat, Home \Inside, joint_space, do_Home, 1;
!机器人各轴在 Home 位置范围内，do_Home 信号的输出为 1
ENDPROC
```

使用以上设置指令，即机器人在 Home 位置范围内，机器人系统会将信号 do_Home 置 1。PLC 等外部设备可以方便获取机器人在 Home 位置处的情况，不需要额外的人工编程。

7.2.2 各轴限制范围输出

WZLimJointDef 指令用于定义轴关节坐标系中的全局区域，以便将机械臂和外轴用于工作区域的限制。通过 WZLimJointDef，有可能限制 RAPID 程序中各机械臂和外轴的工作区域。

```
PROC power_on()
    VAR shapedata joint_space;
    CONST jointtarget low_pos:= [ [ -90, -20, -10, -100, -120, -200], [ -9E9, 9E9, 9E9, 9E9, 9E9, 9E9]];
    CONST jointtarget high_pos := [ [ 90, 60, 70, 100, 120, 200], [ 9E9, 9E9, 9E9, 9E9, 9E9, 9E9] ];
    ...
    WZLimJointDef \Inside, joint_space, low_pos, high_pos;
    !设置各轴的范围在 low_pos 和 high_pos 内
    WZDOSet \Stat, wzstat1 \Inside, joint_space, do0, 1;
    !各轴在范围内，输出信号 do0 为 1
ENDPROC
```

第 8 章 碰撞预测

8.1 碰撞预测与配置

ABB 工业机器人在 RobotWare6.08 版本中新增了碰撞预测功能。在 RobotStudio 内配置机器人与周围外设的关系,并上传到控制器。当机器人(包括定义的工具等)接近周围物体时,系统会预测并报警、停机,避免机器人与设备的碰撞,如图 8-1 所示。该功能在虚拟及真实机器人上均可以使用。

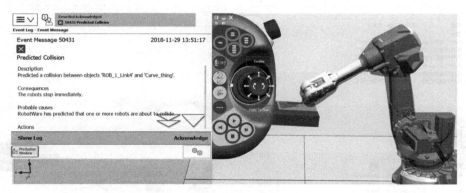

图 8-1 碰撞预测

使用碰撞预测功能,机器人需要 RobotWare6.08 及以上版本,且机器人需要有 613-1 Collision Detection 选项,如图 8-2 所示。

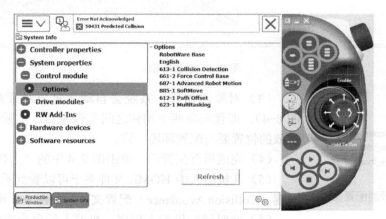

图 8-2 613-1 Collision Detection 选项

（1）打开 RobotStudio，单击"控制器"菜单下的"碰撞避免"，勾选"启用碰撞避免"进行配置，如图 8-3 所示。

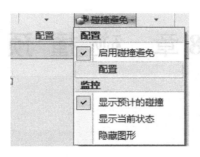

图 8-3　勾选"启用碰撞避免"

（2）单击图 8-4 左侧的"对象"区域，可以添加需要检测碰撞的对象，包括安装于机器人上的工具和现场设备等（系统默认添加了机器人 6 轴）。

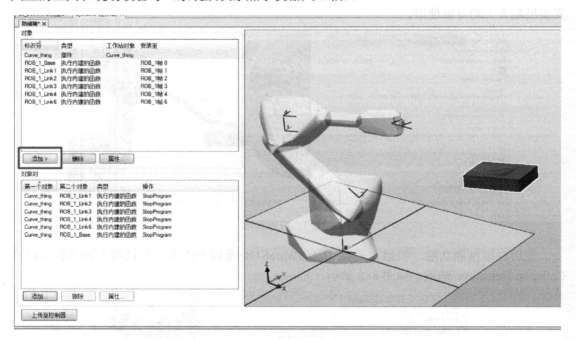

图 8-4　添加对象

（3）对象添加后，系统会自动运算出对象对的结果（见图 8-4），即预测哪两个物体之间是否碰撞。实际使用中，物体摆放的位置要与配置环境一致。

（4）完成所有配置后，单击图 8-4 中的"上传至控制器"。

（5）在机器人的 HOME 文件夹下可以看到系统生成的碰撞预测（Collision Avoidance）配置文件，如图 8-5 所示。

（6）此时运行机器人程序，机器人后台会实时进行碰撞预

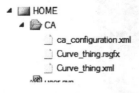

图 8-5　碰撞预测配置文件

测。若机器人即将与物体碰撞（理论预测，非实际碰撞），机器人系统会提前报警并停机（见图 8-6）。

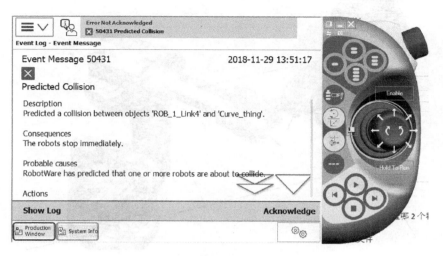

图 8-6　发生碰撞预测后的示教器报警

8.2　碰撞预测的启用与关闭

RobotWare6.08 版本及以上的机器人，有 613-1 Collision Detection 选项时，默认会监测机器人的各手臂是否会碰撞。

只有一台机器人时，由于各轴软限位等的设置，各关节之间不会发生碰撞。

如果使用 Multi-move 功能，即一台控制器同时控制 2~4 台机器人，那么多台机器人之间完全可能会发生碰撞。如图 8-7 与图 8-8 所示，机器人 1 的上臂和机器人 2 的上臂即将碰撞。

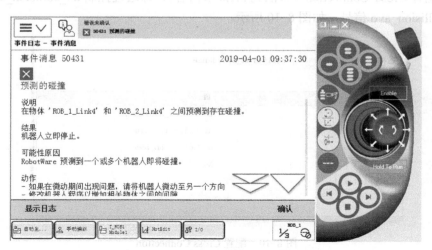

图 8-7　两台机器人 4 轴发生碰撞预测

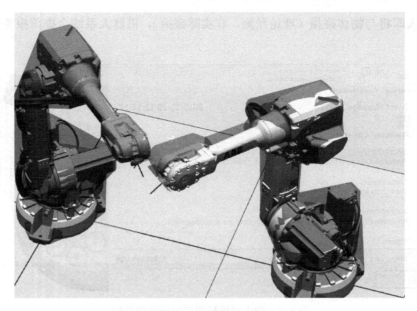

图 8-8 碰撞预测

碰撞预测功能可以关闭，方法如下：

（1）在机器人系统中创建虚拟输出信号和虚拟输入信号，如图 8-9 所示。创建虚拟信号的方法见 3.2 节所述内容。

图 8-9 创建虚拟输出信号和虚拟输入信号

（2）配置 Cross Connection（方法见 3.1.8 节内容），即通过控制 do_collision_avo 信号来控制 di_collision_avo 信号，如图 8-10 所示。

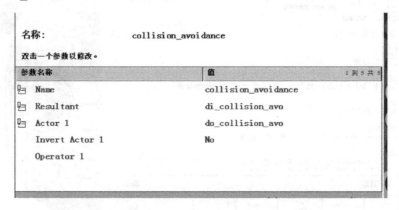

图 8-10 配置 Cross Connection

（3）配置系统输入 Collision Avoidance（方法见 3.7 节内容），当 di_collision_avo 信号为

1 时,碰撞预测激活;di_collision_avo 信号为 0 时,碰撞预测不激活,如图 8-11 所示。

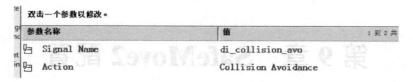

图 8-11 配置系统输入 Collision Avoidance

(4)重启机器人系统。

(5)若希望暂时禁用碰撞预测,可将 do_collision_avo 信号置 0,即禁用碰撞预测功能。将 do_collision_avo 置 1,启用碰撞预测功能。

第 9 章 SafeMove2 配置

SafeMove2 硬件是 ABB 工业机器人第二代安全控制器产品，旨在确保人员和设备安全，促进人/机器人协作，为用户提供精益、灵活和更经济的机器人解决方案。其强大的配置工具大幅度减少了调试时间，可以提供灵活的安全额定速度和位置监控等安全功能，实现危险应用，如 X 射线检查和激光切割。

与 SafeMove1 硬件（见图 9-1）不同，SafeMove2 硬件的（见图 9-2 和图 9-3）区域功能的激活信号、机器人违规状态的输出信号不再使用硬接线，而全部采用 ProfiSafe 总线。故使用 SafeMove2 的机器人必须至少有 888-2 PROFINET Controller/Device 或 888-3 PROFINET Device 选项，使得机器人能够与外界通过 PROFINET 通信。

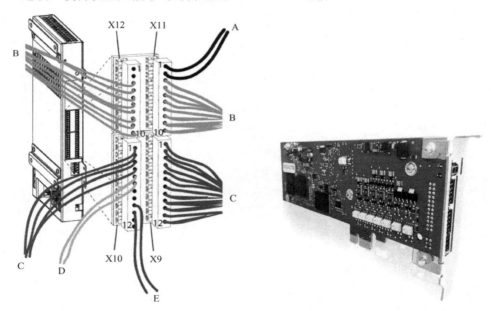

图 9-1　SafeMove1 硬件　　　　　　图 9-2　SafeMove2 硬件 DSQC 1015

使用 SafeMove2 硬件的机器人，必须至少还具备图 9-4 中的 3 个机器人系统选项。

若添加 735-7 Keyless Mode Switch，3modes 选项，则原有控制柜上的钥匙开关可以移除，相关功能被集成到示教器端（见图 9-5）。

以下示例将完成一个 SafeMove2 硬件的基本配置，并给机器人配置一个安全工作区域（虚拟围栏）。机器人本体与工具若超越该区域，则机器人将停止运动。

第 9 章　SafeMove2 配置　　·235·

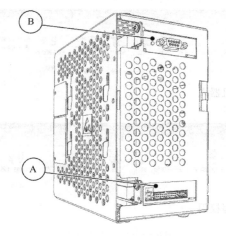

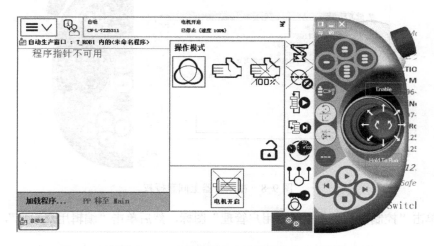

图 9-3　SafeMove2 硬件位于控制器 A 处　　图 9-4　使用 SafeMove2 硬件的机器人需要的选项

图 9-5　使用 Keyless 功能，钥匙开关等功能集成到示教器端

9.1　配置 SafeMove2 前的准备工作

SafeMove2 的配置需要通过 PC 端的 RobotStudio 软件完成，且需登录安全账号。以下介绍安全账号的创建与登录过程。

（1）将 PC 网口与机器人的 Service 网口连接。Service 网口的 IP 地址为 192.168.125.1，故 PC 网口的 IP 地址设置为自动获取或者 192.168.125.X 网段（最后一位不能是 1，如 192.168.125.100）。

（2）在 PC 上打开 RobotStudio 软件，单击"控制器"菜单下的"添加控制器"图标，连接机器人，如图 9-6 所示。

（3）若机器人没有安全用户，请先创建安全用户组和安全用户名。

（4）在 PC 上单击"请求写权限"图标，如图 9-7 所示。

（5）在示教器上单击"同意"，授权给 PC，如图 9-8 所示。

图 9-6 连接机器人

图 9-7 请求写权限

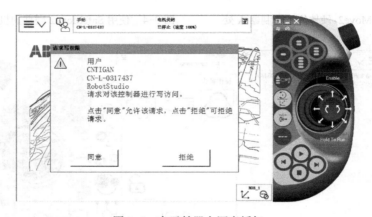

图 9-8 在示教器上同意授权

(6) 单击"控制器"菜单下的"用户管理"图标,然后单击"编辑用户账户",如图 9-9 所示。

(7) 在新打开的对话框中添加组权限,选择如图 9-10 所示的 SafetyGroup,并配置适当权限。

图 9-9 编辑用户账户　　　　　　　　图 9-10 添加和配置组权限

(8) 安全用户组至少应需要具有表 9-1 所示的权限。

表 9-1 安全用户组权限

序号	权限
1	调试模式
2	锁定安全控制器配置
3	安全服务模式
4	软件同步
5	无钥匙模式选择器

(9) 单击图 9-11 中的 SafetyUser,给该用户分配组权限。该用户应该属于安全用户组。

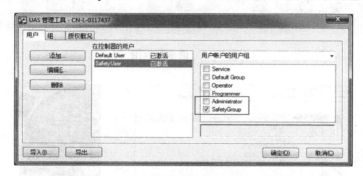

图 9-11 分配权限给相关用户

9.2 开始配置 SafeMove2

9.2.1 登录与新建

(1) 在 RobotStudio 上以安全用户的账户登录,如图 9-12 和图 9-13 所示。

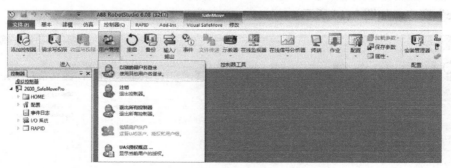

图 9-12 用安全用户账户登录

(2) 在 RobotStudio 的"控制器"菜单下单击"请求写权限",如图 9-14 所示,并在示教器上单击"同意"授权给 RobotStudio,如图 9-15 所示。

图 9-13 输入用户名称和密码

图 9-14 请求写权限

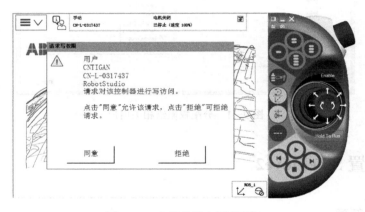

图 9-15 在示教器上同意授权

（3）在"控制器"菜单下单击"安全"图标，然后单击"可视 SafeMove"，打开"Visual SafeMove"窗口，如图 9-16 所示。

图 9-16 "Visual SafeMove"窗口

（4）在"Visual SafeMove"窗口中，单击"文件"—"新建"—"控制器配置"，如

图 9-17 所示，新建完后的 SafeMove 2 配置界面如图 9-18 所示。

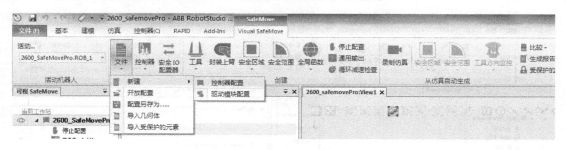

图 9-17　新建控制器配置

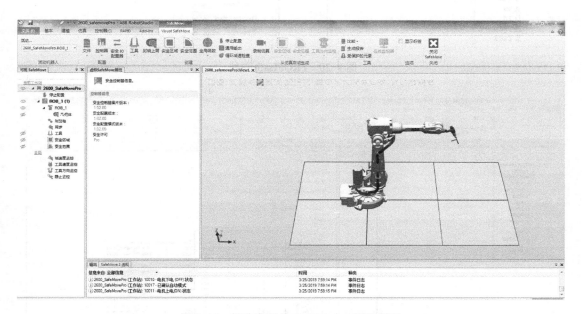

图 9-18　新建完后的 SafeMove 2 配置界面

9.2.2　配置通信信号

（1）配置 SafeMove2 与外界的通信（基于 PROFIsafe）。如图 9-19 所示，单击"安全 IO 配置器"图标，打开安全 IO 配置窗口。

图 9-19　单击"安全 IO 配置器"图标

（2）SafeMove2 与 PLC 通信时，机器人作为从站，使用 PROFIsafe 总线，如图 9-20 所示。
（3）配置 SafeMove2 与 PLC 的安全信号（见图 9-21）。SafeMove2 作为 PLC 的从站，

可以设置 64 个 DI 和 64 个 DO 安全信号。

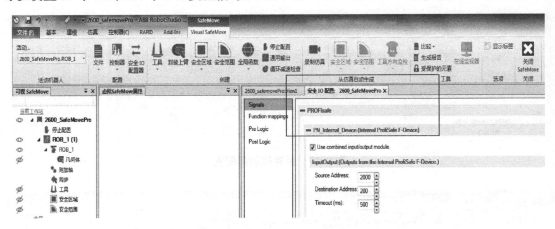

图 9-20　PROFIsafe 总线

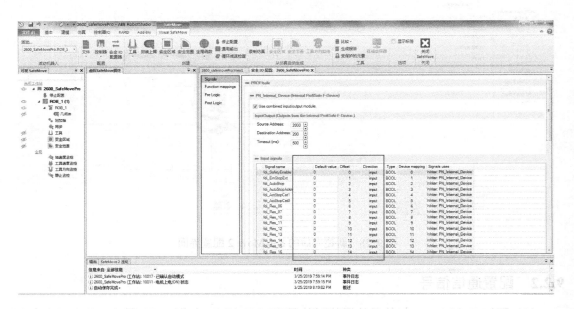

图 9-21　创建安全信号

（4）关闭安全 IO 配置窗口。

9.2.3　配置安全功能

1. 配置机器人本体区域

（1）只有预先配置好机器人本体区域（如上臂），才可在本体（如上臂）违规超越设置的安全区域时得到响应。

（2）在"Visual SafeMove"菜单中，单击"封装上臂"图标，如图 9-22 所示。

（3）输入适当的尺寸，或通过拖曳图形，将整个上臂包裹在胶囊中（见图 9-23）。若上臂安装有电缆包,也可将其囊括在胶囊中(最多可以使用两个几何体来封装上臂)。

图 9-22 单击"封装上臂"图标

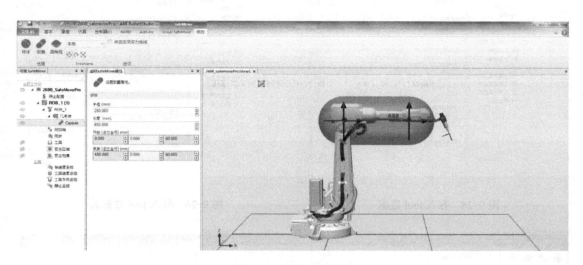

图 9-23 配置本体区域

2. 配置机器人工具

(1)只有预先配置好机器人的工具,才可在工具违规超越设置的安全区域时得到响应。

(2)在"Visual SafeMove"菜单中,单击"工具"图标,然后单击"新建",如图 9-24 所示。

图 9-24 单击"新建"

(3)单击"Load tooldata"(见图 9-25),从 RAPID 中加载 tooldata 到 SafeMove2 中。完成后工具的名称将自动更新为 tooldata 的名称,如图 9-26 所示的"MyTool"。

(4)选中"MyTool",在上方的"修改"菜单中选择适当的几何体(球体、胶囊、圆角),将整个工具包裹在几何体中,如图 9-27 所示(最多可以使用 4 个几何体来封装工具)。

(5)在线配置时不会显示图 9-27 中的工具模型,请按照实际安装工具的情况选择几何体。

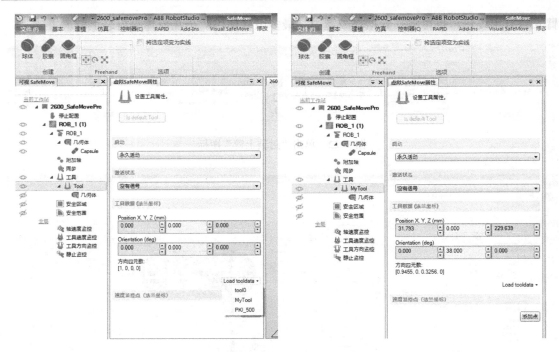

图 9-25　导入 tool 数据　　　　　　图 9-26　导入 tool 数据后

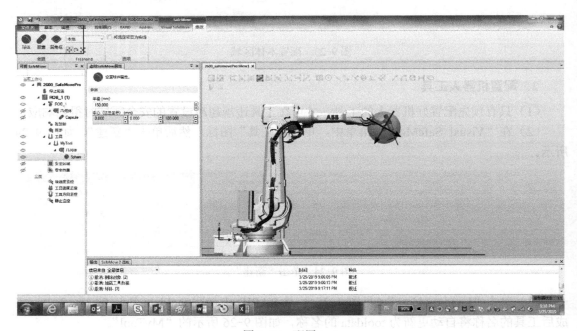

图 9-27　配置 tool

3. 设置同步位置与抱闸检测

（1）由于机器人的持续运动、磨损或其他因素，会影响机器人的精度。在 SafeMove2 的配置中，需要设置一个同步位置，并且经常检查以确认机器人的精度是否仍然正常，从而确保相应的安全功能正常。

（2）单击图 9-28 中的"同步"。选择"软件同步"，并设置适当的同步位置。

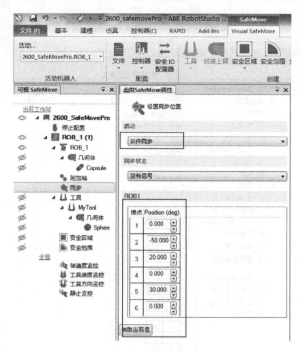

图 9-28　设置适当的同步位置

（3）机器人的抱闸性能将直接影响机器人违规时是否可以及时停止机器人运动。在 SafeMove2 的配置中，必须定期检查机器人的抱闸性能，从而确保相应的安全功能。

（4）单击图 9-29 中的"循环减速检查"。

图 9-29　循环减速检查

（5）设置适当的检查时间，如图 9-30 所示。

4．设置安全区域的监控功能

安全区域的监控功能是 SafeMove2 最为常用的一项功能。SafeMove2 Pro 最多可配置 16 个安全区域，SafeMoves2 Basic 可配置 1 个安全区域。

基于安全区域的监控功能，可以在机器人违规时停止机器人运动。

（1）用鼠标右键单击图 9-31 左侧的"可视 SafeMove"菜单中的"安全区域"，然后单击"安全区域"，设置安全区域。

（2）通过输入适当的尺寸或通过拖曳图形创建需要的安全区域（最多可以使用 24 个点来构建区域），如图 9-32 所示。

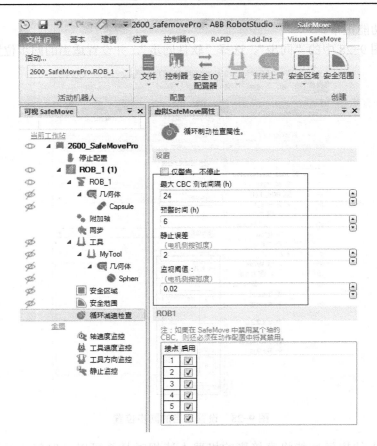

图 9-30 设置适当的检查时间

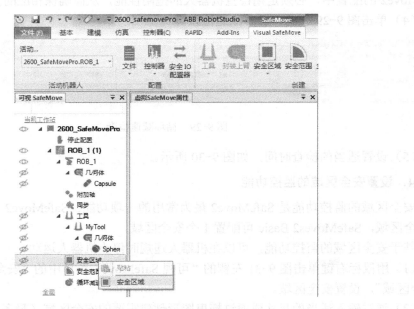

图 9-31 设置安全区域

第 9 章 SafeMove2 配置

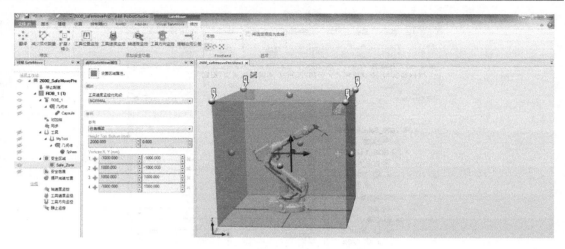

图 9-32 创建需要的安全区域

（3）用鼠标右键单击"安全区域"，然后单击"重命名"（见图 9-33），重命名安全区域，如图 9-34 中的 WorkCell。

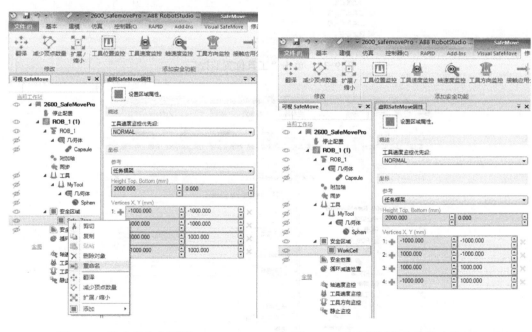

图 9-33 重命名安全区域　　　　图 9-34 安全区域的名称修改为 WorkCell

（4）选中"WorkCell"，单击"工具位置监控"图标，如图 9-35 所示。
（5）选中生成的"WorkCell_TPO"，修改其相关配置，如图 9-36 所示。

图 9-36 中的配置为：当机器人的工具（MyTool）或上臂违规时，即从 WorkCell 内离开该区域时，机器人将会停止运动（1 类停止）；机器人违规的同时将改变安全输出信号 fdo_ok_WorkCell 的值（不违规，输出信号为 1；违规，输出信号为 0）。

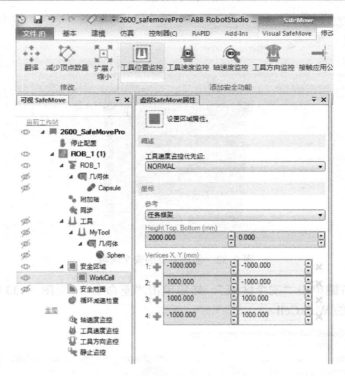

图 9-35 单击"工具位置监控"

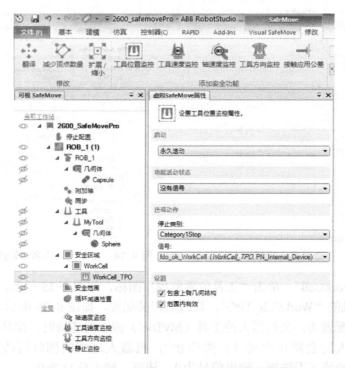

图 9-36 修改 WorkCell_TPO 的工具位置监控配置

5. 停止配置

（1）PLC 可以通过 PROFISafe 总线的安全信号将机器人设置为相应的停止状态（该功能常用于实现现场设备的连锁）。

（2）在"Visual SafeMove"窗口中，单击"停止配置"图标，如图 9-37 所示。

图 9-37 单击"停止配置"图标

（3）修改配置，如图 9-38 所示，并将 Stop 名称改为 Automatic Stop。

图 9-38 修改配置

图 9-38 的配置为：当 PLC 传过来的信号 fdi_AutoStop 的值变为 0 时，立即触发机器人的自动停止（1 类停止）。注意，在安全相关的设置中，0 表示安全状态。

6. 完成配置

（1）保存 SafeMove2 配置文件。

（2）在上方的"Visual SafeMove"窗口中，单击"文件"图标，然后单击"配置另存为"，选择保存的路径及文件的名称，如图 9-39 所示。

（3）保存的 .xml 文件可供将来修改配置时使用。

（4）将 SafeMove2 的配置文件下载至控制器中。

（5）在 PC 上，用安全用户登录，单击"请求写权限"并等待示教器同意授权。

（6）在上方的"Visual SafeMove"窗口中，单击"控制器"图标，然后单击"写入到控制器"（见图 9-40）。

（7）应将弹出的 SafeMove 报告打印、签字并存档（见图 9-41）。单击"Yes"，如图 9-42

所示，机器人系统重启后生效。

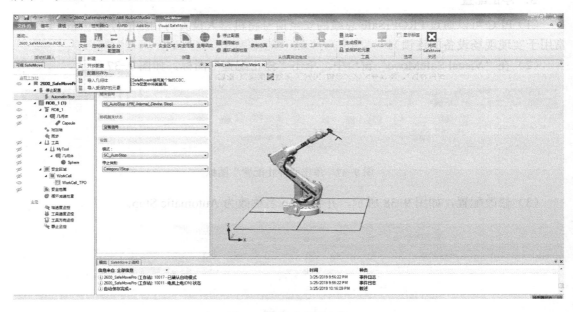

图 9-39 另存配置文件

图 9-40 写入到控制器

图 9-41 SafeMove 报告窗口

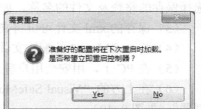

图 9-42 单击"Yes"

9.2.4 验证 SafeMove2 配置

下载 SafeMove2 配置，机器人系统重启后，将出现报警信息"安全控制器未同步"（见图 9-43）和"需要执行循环制动闸检查"（见图 9-44）。

图 9-43 提示"安全控制器未同步"　　　　图 9-44 提示"需要执行循环制动闸检查"

1. 完成同步测试与抱闸测试

（1）执行软件同步 CSC。

（2）在示教器上使用安全用户登录，如图 9-45～图 9-47 所示。注意，只有安全用户才可以执行软件同步的操作。

图 9-45 注销当前用户

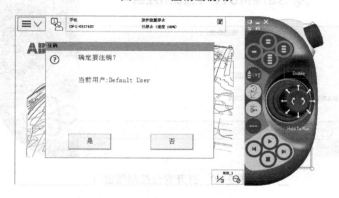

图 9-46 单击"是"，更换用户

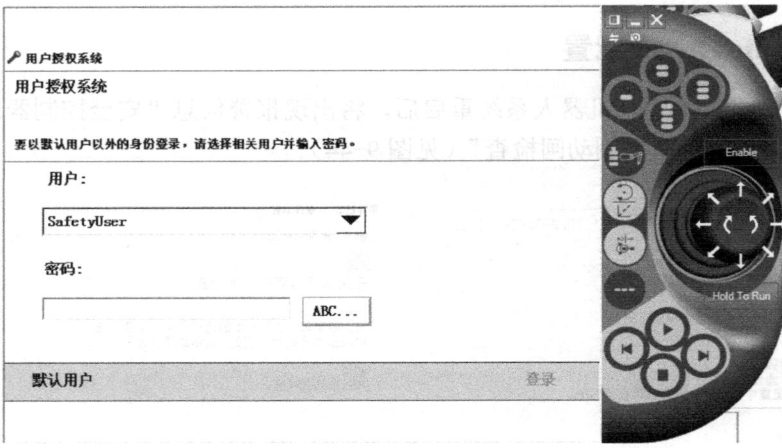

图 9-47　使用安全账户登录

(3) 在示教器上打开 SafeMove 图形化程序窗口，如图 9-48 所示。

图 9-48　进入 SafeMove 图形化程序窗口

(4) 如图 9-49 所示，单击左下角的配置图标，打开安全控制器窗口。

图 9-49　打开安全控制器窗口

(5) 切换到"同步"选项卡后（见图 9-50），先将机器人手动移动到设定的同步位置，单击图 9-51 中的"同步"执行同步操作。完成后同步状态将由红色变为绿色。

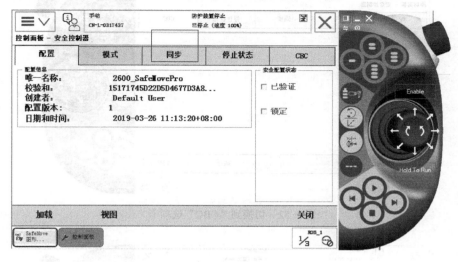

图 9-50　切换到"同步"选项卡

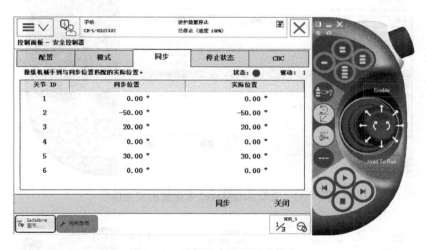

图 9-51　对机器人进行同步操作

如果未使用安全用户，则图 9-51 中的"同步"显示为灰色。

（6）执行循环制动闸检查 CBC，即抱闸测试。

（7）切换到图 9-52 中的"CBC"选项卡，单击下方的"执行"执行抱闸测试。完成后状态将由红色变为绿色。注意，抱闸测试的过程中机器人可能产生位移，请务必将机器人移动到安全位置再执行抱闸测试。

2．测试安全 IO 信号

（1）在 SafeMove2 中配置的 64 个 DI 和 64 个 DO 的安全信号，可以在"示教器"—"输入/输出"—"I/O 设备"的 PN_Internal_Device 下查看，如图 9-53 所示。

（2）查看是否可以收到 PLC 给出的信号值，如图 9-54 所示。

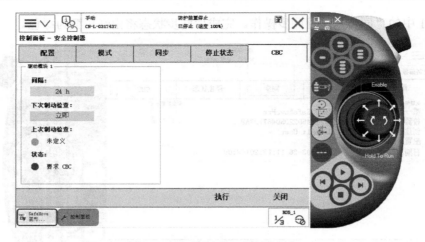

图 9-52 切换到"CBC"选项卡

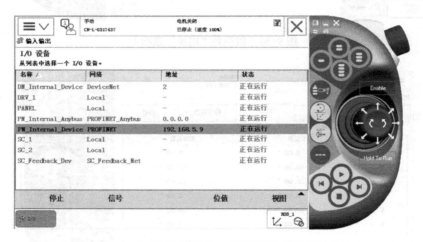

图 9-53 查看 SafeMove2 中配置的安全信号

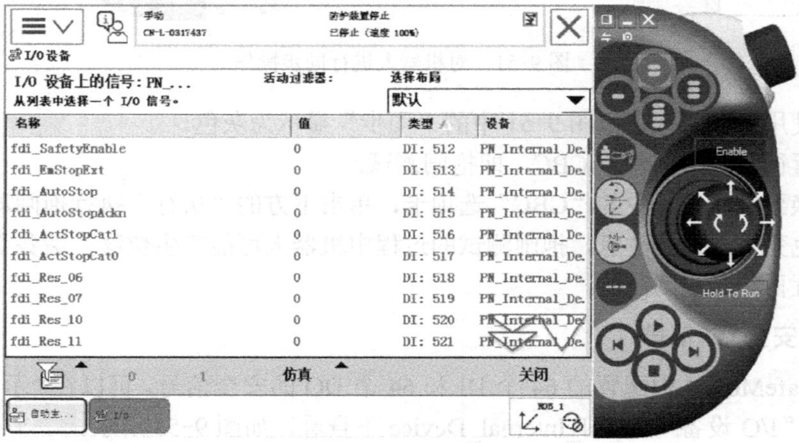

图 9-54 查看是否可以收到 PLC 给出的信号值

(3）测试停止配置。

(4）进入示教器-SafeMove 图形化程序，切换到"停止状态"选项卡后，可以查看停止配置的状态，如图 9-55 所示的 AutomaticStop。

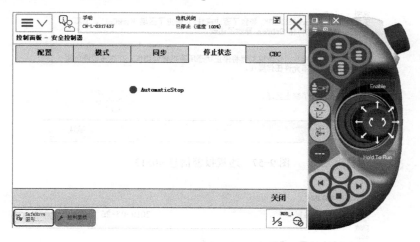

图 9-55　测试停止配置

(5）在 PLC 上将 fdi_AutoStop 信号置 0，测试在机器人的自动状态下系统是否会触发自动停止（AutomaticStop），如图 9-56 所示。

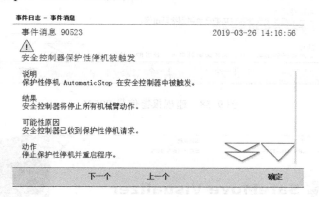

图 9-56　AutomaticStop 被触发

3．测试安全区域的监控功能

(1）本部分配置参照 9.2.3 小节的 WorkCell 配置。

(2）将机器人从配置的安全区域 WorkCell 内移到 WorkCell 外，则出现违规报警信息 90513（见图 9-57）和 90541（见图 9-58），同时机器人电机下电并停止运动。

(3）在示教器上的 SafeMove 图形化程序窗口中可以查看最后违规的状态，如图 9-59 所示。

(4）在 RobotStudio 软件的在线监视器窗口也可便捷地查看安全违规情况（见图 9-60）。

(5）重新给机器人电机上电，可以将机器人再次移回到 WorkCell。注意，SafeMove2 的安全监控功能仅在机器人违规时将上级停止断开（机器人电机下电）。

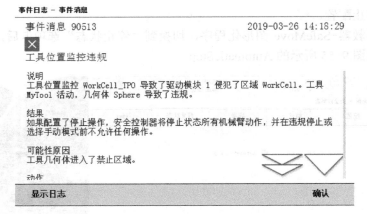

图 9-57 违规报警信息 90513

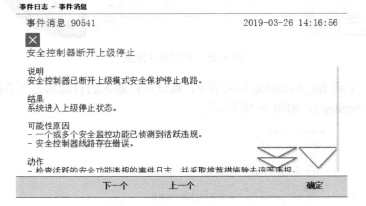

图 9-58 违规报警信息 90541

图 9-59 查看最后违规的状态

第 9 章 SafeMove2 配置

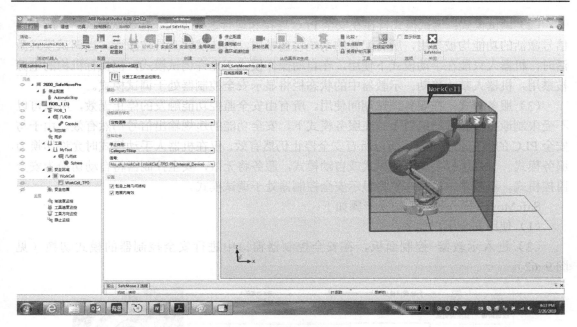

图 9-60 在线监视器窗口

4．验证并锁定安全配置

（1）完成 9.2.4 小节的全部测试后，再次打开安全控制器窗口（见图 9-61）。

（2）在"配置"选项卡中，勾选"已验证"和"锁定"。

图 9-61 安全控制器窗口

9.2.5 安全控制器的操作模式

SafeMove2 有以下 3 种操作模式。

（1）安全监控模式：安全监控激活的默认模式。

(2) 调试模式：调试模式旨在在安全 PLC 连接和运行之前使用。在调试模式下，所有由信号激活的功能均被禁用，所有配置的系统均被禁用，所选默认工具被激活。当调试模式激活时，机器人只能在手动模式下使用。在自动操作模式下允许调试模式，但执行机构的电源被禁用，机器人禁止移动。示教器中的状态栏将显示安全控制器处于调试模式。

(3) 服务模式：在服务调试期间使用。所有由安全监控功能触发的停止无效，所以可以不受限制地操作和移动机器人。在服务模式下，安全功能的违规输出信号仍然有效。由于与安全 PLC 的通信仍然激活，所以所有安全停止仍然有效。仅在机器人手动模式时允许切换为服务模式。一旦选择手动全速模式或自动模式，服务将无效，安全控制器将自动切换为安全监控模式。示教器中的状态栏将显示安全控制器处于调试模式。

SafeMove2 操作模式的切换步骤如下：

(1) 使用安全用户登录。

(2) 进入示教器-控制面板，在安全控制器窗口中进行安全控制器的模式切换（见图 9-62）。

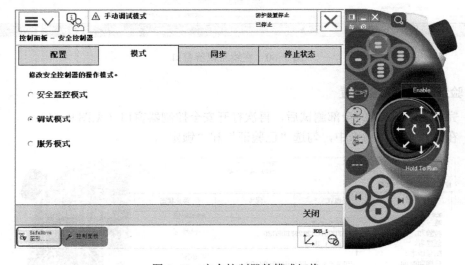

图 9-62　安全控制器的模式切换

第 10 章　RobotWare6 新建系统

　　ABB 工业机器人的系统是 RobotWare。由于机器人控制器的功能选项和本体特性不同，所以每台机器人的系统都是独一无二的。如果更换新的机器人 SD 卡（该 SD 卡购买自 ABB 工业机器人备件，有底层文件，非普通 SD 卡），可以通过备份给机器人安装一个与原来一模一样的系统。有时机器人需要在工作时间在老系统中生产，在非工作时间进行新项目的调试。为了不影响原有系统生产，可以在 SD 卡上再安装一个机器人系统，在新系统中进行新项目的调试。

　　（1）在 PC 上安装 RobotStudio6 软件（免费功能即可）。

　　（2）在 PC 上安装有与机器人相同版本的 RobotWare。可以在 PC 连网的情况下，通过 RobotStudio 的 Add-Ins 界面选择下载并安装对应的 RobotWare 版本（见图 10-1）。

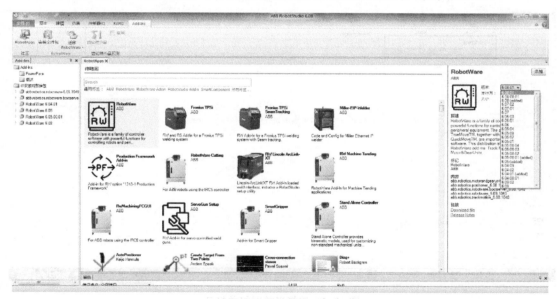

图 10-1　Add-Ins 界面可以获取所有 RobotWare 版本

　　（3）通过示教器或者 RobotStudio 对本台机器人进行备份。

　　（4）通过网线连接 PC 与机器人的服务端口。服务端口如图 10-2 中的 G，其 IP 地址为 192.168.125.1。故 PC 的 IP 地址为自动获取或者 192.168.125.X 网段。

　　（5）在 PC 上打开 RobotStudio6 软件。

　　（6）单击图 10-3 中的"在线"-"安装管理器"。

　　（7）在图 10-4 中单击"网络"，选中当前控制器，单击"打开"。

（8）此处会显示当前 SD 卡上的所有系统。如果空间不够，可以删除未运行的系统。

图 10-2　机器人前面板　　　　　图 10-3　安装管理器

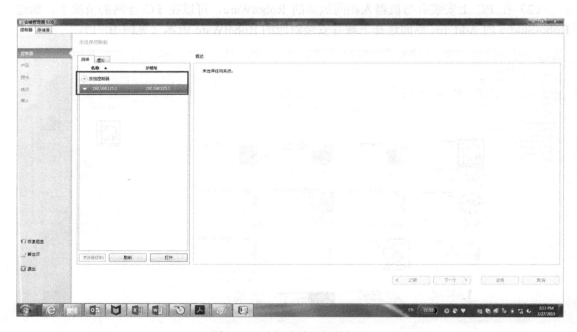

图 10-4　选择当前网络并打开

（9）单击图 10-5 中的"新建"，新建系统。

（10）输入系统的名称，选中"源自备份"，并单击"选择"选择机器人的备份，如图 10-6 所示（此处举例通过备份创建，若直接通过 License 创建，也可直接单击"新建"并根据提示操作）。

（11）单击"下一个"，系统会根据备份自动选择机器人的 RobotWare 版本（见图 10-7）。若 PC 没有相对应的版本，也可单击"替换"，根据需要选择其他 RobotWare 版本。

（12）单击"下一个"。此处若有其他产品需要添加（如 Add-Ins 等），可以在此选择添加

(见图 10-8)。

图 10-5　新建系统　　　　　　　　　　图 10-6　选择"源自备份"

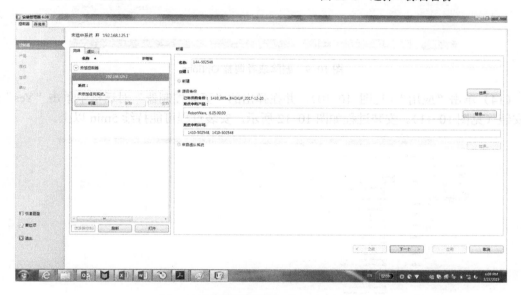

图 10-7　根据需要替换 RobotWare 版本

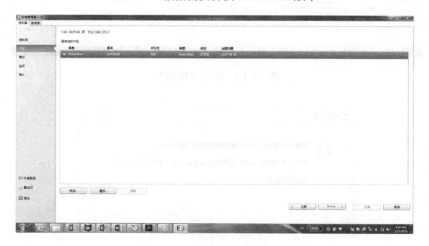

图 10-8　添加其他需要的产品

(13) 默认直接单击"下一个",也可在现有 License 的范围内删除或者调整 Options,如图 10-9 所示。

图 10-9 删除或者调整 Options

(14) 单击"应用"(见图 10-10),并在弹出的"更新控制器"对话框中单击"Yes"进行安装(见图 10-11)。安装过程如图 10-12 所示,安装过程可能持续 5min 以上。

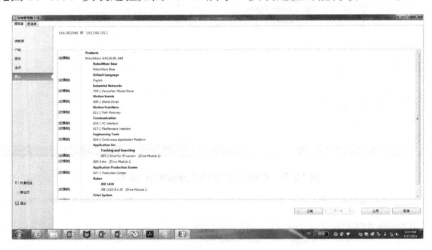

图 10-10 单击"应用"

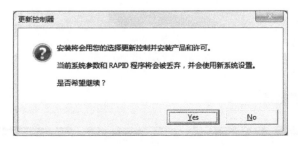

图 10-11 "更新控制器"对话框

第 10 章　RobotWare6 新建系统　　·261·

图 10-12　新系统安装中

（15）系统安装完毕，弹出如图 10-13 所示的对话框，单击"Yes"。

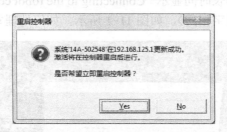

图 10-13　"重启控制器"对话框

（16）机器人安装完成后将直接进入新系统，如图 10-14 所示。

图 10-14　机器人自动进入新系统

（17）此时机器人为新系统（空），可以直接使用，也可以使用原有机器人的备份恢复机器人原有系统的程序。

第 11 章 常见故障分析

本章就 ABB 工业机器人常见的错误进行分析,方便读者根据故障现象和报警代码快速排查故障。

11.1 示教器连接不上控制系统

若机器人开机时示教器长时间显示"Connecting to the robot controller"字样(RobotWare6 画面略有不同,提示的关键字相同),如图 11-1 所示,如何处理?

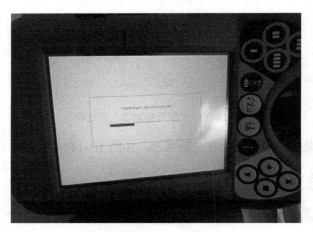

图 11-1 示教器显示"Connecting to the robot controller"

1. 原因分析

上述情况是示教器与机器人主控制器之间没有建立通信连接造成的。未建立连接的原因包括:

(1)机器人主机故障。
(2)机器人主机内置的 CF 卡(SD 卡)故障。
(3)示教器到主机之间的网线断裂或者插口松动等。

2. 处理方法

(1)检查主机的工作是否正常。
(2)检查主机内的存储卡是否正常工作。RobotWare5.61 以上版本(包括 RobotWare6 版本)的主机使用 SD 卡存储,在主机右侧,如图 11-2 所示的 A 处。

RobotWare5.15 版本及之前版本的主机使用 CF 卡作为存储,在图 11-3 所示的 A 处。

第 11 章 常见故障分析

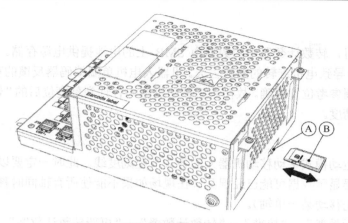

图 11-2 机器人主机的存储卡位置（1）

图 11-3 机器人主机的存储卡位置（2）

（3）检查示教器到主机之间的网线连接是否正常或破损。示教器到主机的网口为主机绿色标签网口。

11.2 转数计数器未更新

机器人出现如图 11-4 所示的"转数计数器未更新"报警，如何处理？

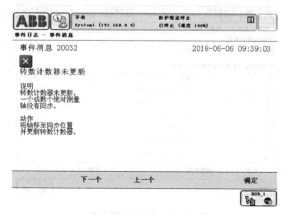

图 11-4 "转数计数器未更新"报警

1. 原因分析

关闭控制柜时，转数计数器中的数据由 SMB 上的电池提供电源存储。由于电池不稳定或者其他原因，会导致电机旋转的圈数丢失。机器人电机单圈编码器反馈的存储不需要电池，即机器人电机单圈参考位置正确。故在人工移动机器人各轴到刻度位后的"转数计数器更新"不会影响机器人精度。

2. 处理方法

（1）以单轴运动模式手动移动机器人的各关节至刻度线。此时一定要以机器人本体的刻度线为准，示教器显示数据可能已经混乱（在现场如果不能使所有轴同时移动到刻度位，则可根据实际情况先移动某一单轴）。

（2）单击"示教器"-"校准"-"转数计数器"-"更新转数计数器"，如图 11-5 所示。

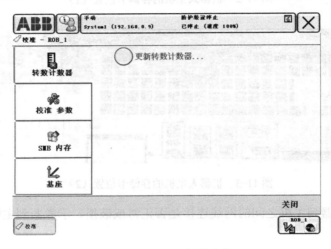

图 11-5　单击"更新转数计数器"

（3）根据实际情况勾选需要更新的机器人轴，单击"更新"，如图 11-6 所示。更新时，示教器不用上电。对单轴更新前，确认该轴已经在刻度位附近。

图 11-6　单击"更新"

11.3 SMB 内存差异

机器人出现"SMB 内存数据差异"报警，如图 11-7 所示，如何处理？

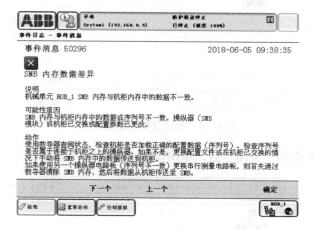

图 11-7 "SMB 内存数据差异"报警

1．原因分析

机器人的位置等信息会在 SMB 和控制柜内各自存储。机器人开机时，系统会自动比较两者的数据是否一致。在机器人系统未开启时释放抱闸移动机器人和更换 SMB 板卡等都会造成两边存储的数据不一致。

2．处理方法

（1）单击"示教器"-"校准"-"SMB 内存"，如图 11-8 所示。

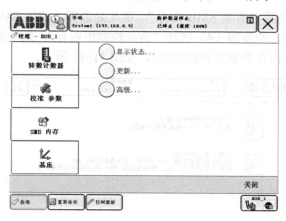

图 11-8 单击"SMB 内存"

（2）单击图 11-8 中的"高级"。

（3）对于更换 SMB，选择"清除 SMB 内存"；对于更换控制器内存卡或者人为修改控制器内数据，选择"清除控制柜内存"，如图 11-9 所示。

图 11-9　选择需要清除的对象

（4）单击图 11-9 中的"关闭"后，单击图 11-10 中的"更新"。

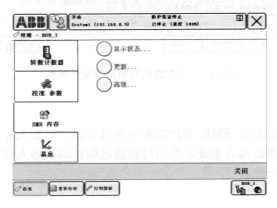

图 11-10　单击"更新"

（5）若步骤（4）选择"清除 SMB 内存"，则此处选择"替换 SMB 电路板"（即使用机柜数据更新 SMB 内存）；若步骤（4）选择"清除控制柜内存"，此处选择"已交换控制柜或机械手"（即使用 SMB 内存数据更新控制柜），如图 11-11 所示。

图 11-11　根据实际情况选择传输方向

(6) 根据提示再次更新转数计数器。

11.4 与 SMB 的通信中断

现场机器人出现"与 SMB 的通信中断"报警,如图 11-12 所示,如何处理?

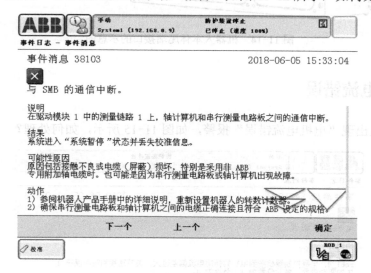

图 11-12 "与 SMB 的通信中断"报警

1. 原因分析

控制柜内轴计算机与机器人本体 SMB 之间的连线中断。

2. 处理方法

控制柜内轴计算机到机器人本体 SMB 之间的连线涉及:
(1) 控制柜内轴计算机到控制柜底部的 X2 接口(图 11-13 中的 M 处)的连线;

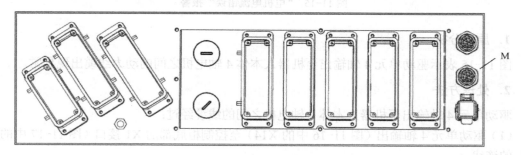

图 11-13 机器人控制柜底部接口的示意图

(2) 控制柜底部的 X2 接口到机器人本体尾端的 SMB 接口(图 11-14 中的 R1.SMB)的连线;
(3) 机器人本体尾端的 SMB 接口(图 11-14 中的 R1.SMB)到 SMB 之间的连线。
以上多段线缆分段检查是否有破损。若有破损,请更换。

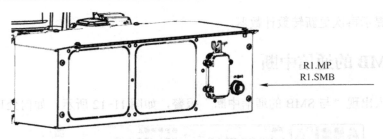

图 11-14　机器人本体尾端接口的示意图

11.5　电机电流错误

现场机器人出现"电机电流错误"报警，如图 11-15 所示，如何处理？

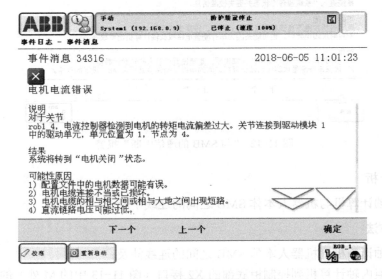

图 11-15　"电机电流错误"报警

1．原因分析

图 11-15 表示驱动单元 4 轴输出至机器人本体 4 轴电机之间的动力线缆出现异常。

2．处理方法

驱动单元 4 轴输出至机器人本体 4 轴电机之间的线缆经过：

（1）驱动单元 4 轴输出（图 11-16 中的 X14）至控制柜底部的 X1 接口（图 11-17 中的 C 处）的连线；

（2）控制柜底部的 X1 接口到机器人本体尾端的 MP 接口（图 11-18 中的 R1.MP）的连线；

（3）机器人本体尾端的 MP 接口（图 11-18 中的 R1.MP）到机器人本体 4 轴电机的连线。

检查以上各段线缆是否正常，如有破损，请更换。

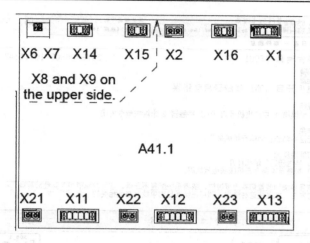

图 11-16 控制柜内主驱动的示意图

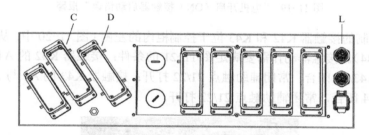

图 11-17 机器人控制柜底部接口的示意图

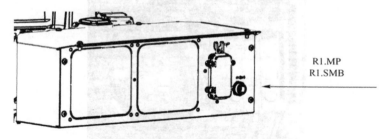

图 11-18 机器人本体尾部接口的示意图

11.6 电机开启接触器启动故障

现场机器人出现"电机开启（ON）接触器启动错误"报警，如图 11-19 所示，如何处理？

1. 原因分析

出现如图 11-19 所示的报警时，多数示教器使能上电时，能听到控制柜内接触器吸合的声音，但接触器又马上断开。

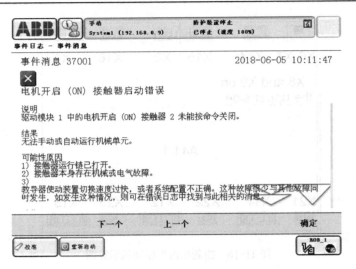

图 11-19 "电机开启（ON）接触器启动错误"报警

使能上电控制的接触器 K42 和 K43 位于控制柜内的左侧（图 11-20 中，从左往右依次为 K42、K43 和 K44）。接触器动作需要满足图 11-21 的条件：接触器 K42 的 A1 与 A2 导通，且常开辅助触点 43/44 闭合，常闭辅助触点 21/22 打开；接触器 K43 的 A1 与 A2 导通，且常开辅助触点 43/44 闭合，常闭辅助触点 21/22 打开。

图 11-20 控制柜内接触器实物图

图 11-19 所示的报警通常为接触器 K42 或 K43 的辅助触点故障（或者对应接线故障）导致反馈信号异常。

2．处理方法

（1）根据图 11-21，检查线路是否正常。

（2）根据图 11-20 和图 11-21，检查接触器 K42 和 K43 的辅助触点是否动作正常。

第 11 章 常见故障分析

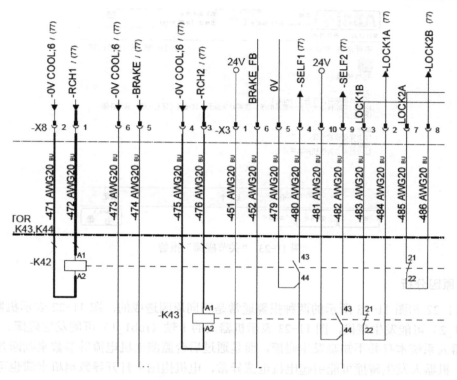

图 11-21 K42 与 K43 接触器接线的示意图

(3) 对异常设备进行更换。

11.7 动作监控关节碰撞

现场机器人出现"动作监控"或"关节碰撞"报警,如图 11-22 和图 11-23 所示,如何处理?

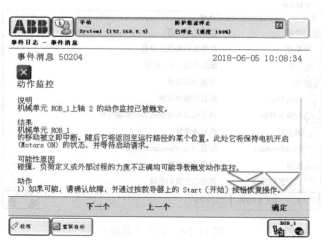

图 11-22 "动作监控"报警

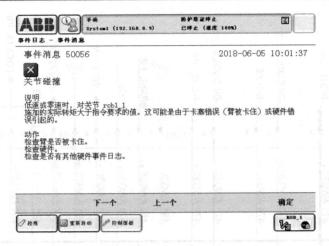

图 11-23 "关节碰撞"报警

1. 原因分析

图 11-22 和图 11-23 所示的两种报警通常是相同原因造成的。图 11-22 表示机器人的 2 轴（rob1_2）可能发生碰撞，图 11-23 表示机器人的 1 轴（rob1_1）可能发生碰撞。

机器人系统本身并不知晓发生碰撞，而是通过后台监测电机电流等参数来判断各关节碰撞与否。机器人发生碰撞可能引起电机电流异常，电机抱闸未打开导致电机卡滞也可能引起电机电流异常。

2. 处理方法

（1）若机器人确实发生碰撞，如果机器人有 613-1 Collision Detection 选项，则可以临时关闭"动作监控"，然后再缓慢移动机器人。

（2）进入示教器-控制面板，单击"监控"，如图 11-24 所示。

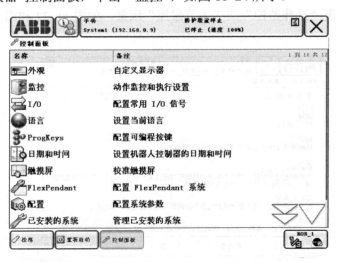

图 11-24 单击"监控"

（3）在"手动操纵监控"下选择"关"，关闭手动操纵监控，如图 11-25 所示。

第 11 章 常见故障分析 ·273·

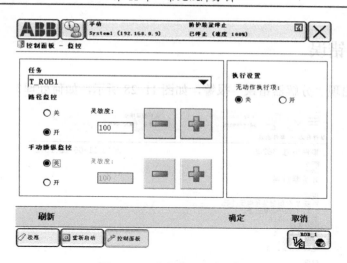

图 11-25 关闭手动操纵监控

（4）此时可以调低示教器的摇杆速度以降低机器人的运动速度，也可单击图 11-26 中右侧的"增量模式"（按钮为"---"），让机器人以增量慢速模式移动，直至离开碰撞区域。

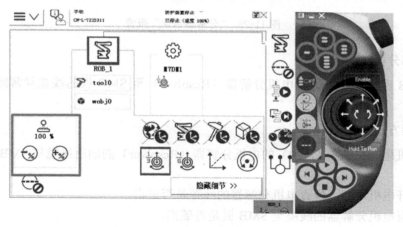

图 11-26 单击"增量模式"按钮

（5）若机器人未发生碰撞，则可怀疑电机抱闸是否正确打开。根据相关电路图进行查线。电机抱闸供电源线缆来自控制柜内左下角接触器板（Contactor Board）上的 X9，电流经 K42、K43、K44 接触器控制后到达本体抱闸板并最终到达电机端。图 11-27 中的 X9 为接触器板对电机报闸供电，图 11-27 中线号为 447 的线缆与控制柜底部的 X1 相连。

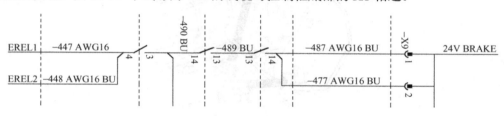

图 11-27 接触器板的部分连线

11.8 分解器错误

现场机器人出现"分解器错误"报警,如图 11-28 所示,如何处理?

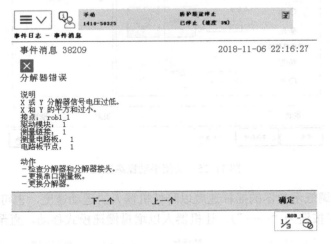

图 11-28 "分解器错误"报警

1. 原因分析

图 11-28 表示机器人 1 轴电机分解器(Resolver)至 SMB 板的线缆异常或者 Resolver 故障。

2. 处理方法

(1)电机尾端(见图 11-29)的电机分解器(Resolver)的输出线缆与 SMB 上对应的接口相连。

(2)打开电机尾部,检查电机分解器的线缆是否破损。

(3)检查电机分解器的线缆至 SMB 板是否破损。

(4)检查电机分解器是否故障。

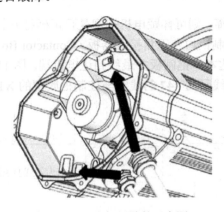

图 11-29 电机尾端的示意图

11.9 强制进入引导界面

机器人若发生系统故障,则机器人开机后系统的主画面会显示系统故障,可通过示教器-重启-高级-启动引导应用程序,选择其他系统或者安装新系统。"启动引导应用程序"界面如图 11-30 所示。

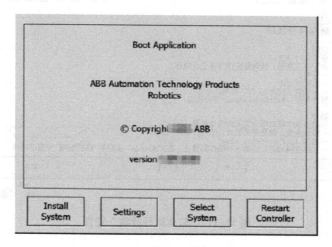

图 11-30 "启动引导应用程序"界面

若机器人发生故障,开机后无法进入系统,无法进入"高级重启"画面,则无法进入图 11-30 所示的界面进行系统选择。

对于 RobotWare6.0 版本以上的系统,可以执行以下操作:
(1)打开控制柜的主电源开关;
(2)等待大约 20s;
(3)关闭主电源开关;
(4)以上步骤重复 3 次。

此时系统会自动进入图 11-30 所示的界面,用户可以选择其他机器人系统或者安装新系统。

11.10 转角路径故障

11.10.1 故障处理

现场机器人出现"转角路径故障"警告,如图 11-31 所示,如何处理?
以上只是警告信息,不是错误报警信息,不会导致机器人异常停车,可以暂时不处理。

1. 原因分析

机器人运动语句 MoveL 等运动指令中,若使用 z10 等转弯半径参数,此时机器人会做出转角效果。机器人能实现圆滑的转角效果,是因为机器人预读了该运动指令的下一句运动语句，以此来计算转弯半径路径。若运动语句为最后一条指令，且没有使用转弯半径 fine（使用 z10 等转弯半径），此时由于机器人无法读取下一条运动指令，所以不能计算转弯效果，即出现图 11-31 所示的警告。机器人会以 fine 效果走到最后一句运动指令。

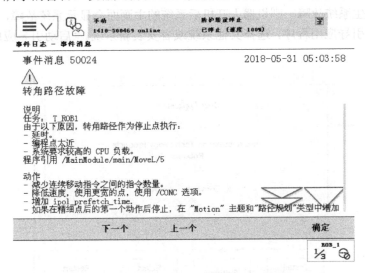

图 11-31 "转角路径故障"警告

2. 处理方法

通常无须处理。若不想看到此类提示，也可进入示教器-控制面板-配置，主题选择 Motion，进入 Motion Planner，选择"motion_planner_1"，修改图 11-32 中的"Remove Corner Path Warning"为 Yes，即可关闭提示。

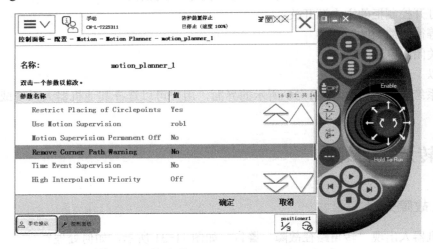

图 11-32 修改"Remove Corner Path Warning"

在 RobotWare6.08 版本中，也可通过指令来完成转角路径故障不提示设置。在指令集 Settings 中（见图 11-33），使用 CornerPathWarning 指令，并且设置为 FALSE 即可（见图 11-34）。

第 11 章 常见故障分析 · 277 ·

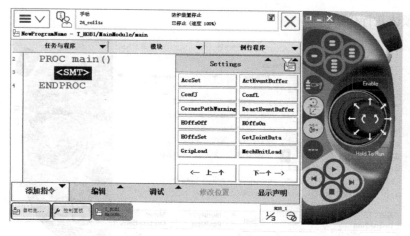

图 11-33 进入 Settings 指令集

图 11-34 使用 CornerPathWarning 指令

11.10.2 fine 与 z0 区别

机器人运动，可以以停止点（fine）或飞越点（zxx）的形式来终止一个位置。

停止点指在采用下一条指令继续执行程序前，机器人和附加轴必须到达指定位置（停止运转），通常使用 fine 停止点。飞越点意味着机器人的 TCP 从未达到编程位置，而是在达到该位置之前（进入该区域，zxx 的 xx 即为区域半径）改变运动方向。可针对各位置定义不同的区域（范围）。

轨迹上，机器人运动指令使用的转弯半径参数 z0 和 fine 类似。但使用参数 fine 除了机器人准确到达位置，fine 参数还可以阻止程序指针的预读。

在图 11-35 和图 11-36 所示的程序中，第 21 行代码分别使用了 z0 和 fine 两种转弯半径数据。

机器人运行的时候，示教器有 2 个图标。一个是左侧的箭头，表示程序已经读取到哪一行；另一个是机器人图标，表示机器人实际运动到哪一行。为了要实现平滑过渡等功能，机器人程序要预读几行代码。

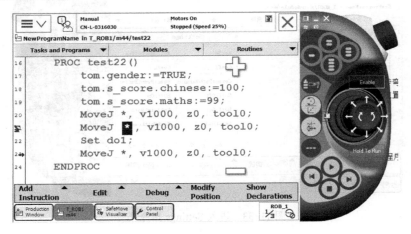

图 11-35　21 行使用 z0

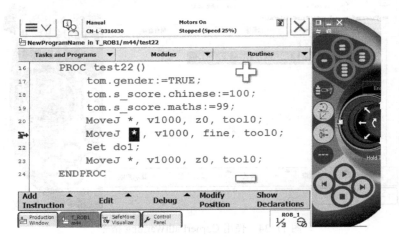

图 11-36　21 行使用 fine

如果使用了图 11-35 所示的转弯半径数据 z0，机器人在走第 21 行时，程序指针已经读取到 23 行，即机器人还没走到 21 行的程序位置，机器人已经把输出信号 do1 置 1 了。

如果使用了图 11-36 所示的转弯半径数据 fine，机器人在走第 21 行时，程序指针也停留在 21 行，即使用了参数 fine，程序指针不会预读。程序在等机器人走完 21 行后才会读取后续代码，如 22 行的对输出信号 do1 置 1。

除运动语句使用 fine 参数可以阻止程序指针预读外，也可使用指令 WaitTime\InPos,0。该语句表示机器人到达位置的收敛域内，机器人光标才会往下读取代码。

若使用指令 WaitTime 0，则无阻止预读功能。

11.11　限位开关打开

现场机器人出现"限位开关已打开，DRV1"报警，如图 11-37 所示，如何处理？

第 11 章 常见故障分析

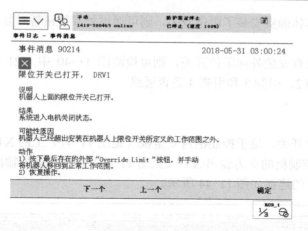

图 11-37 "限位开关已打开，DRV1"报警

11.11.1 标准柜

限位开关的作用是在机器人本体的某些位置安装硬件开关电路，机器人走到限位位置触发限位电路断开。控制器直到收到限位开关打开信号，停止机器人运动。

限位开关位于控制柜内左下角的接触器板（Contactor Board）上的 X21，如图 11-38 和图 11-39 所示。

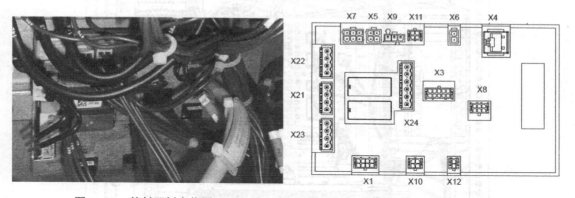

图 11-38 接触器板实物图　　　　　　图 11-39 接触器板示意图

ABB 工业机器人出厂时，默认接触器板上 X21 的引脚 1 和引脚 2 短接，引脚 3 和引脚 4 短接，或者按照图 11-40 所示的在机器人本体端短接。

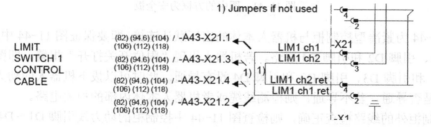

图 11-40 接触器板上的 X21

若现场机器人本体确实安装了限位开关,则可通过外部按钮暂时复位以便移动机器人至范围内。

若现场机器人没有安装外部限位开关,则可检测图 11-40 中 X21 的短接是否完好或者 X21 的引脚 1 和引脚 2、引脚 3 和引脚 4 是否通路。

11.11.2 紧凑柜

紧凑柜也有限位开关,位于控制柜内安全板(见图 11-41)上的 X13(见图 11-42)。安全板的 X13 与紧凑控制柜的动力输出 XS1(见图 11-43)连接。动力输出 XS1 与机器人本体之间的限位开关信号的连接如图 11-44 所示。

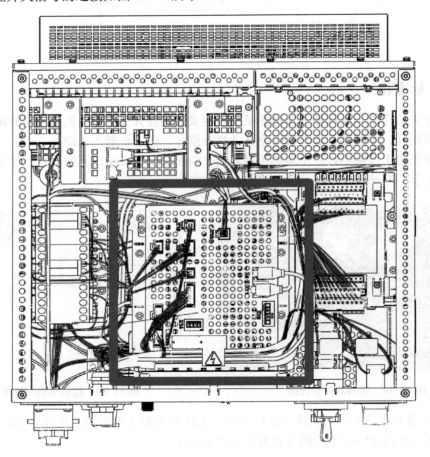

图 11-41 图中的方框为安全板

图 11-44 为紧凑型控制柜与机器人本体的出厂默认连接,即要保证图 11-44 中的引脚 D1 和引脚 D3、引脚 D2 和引脚 D4 通路。若机器人出现"限位开关打开"报警,即图 11-44 中的引脚 D1 和引脚 D3、引脚 D2 和引脚 D4 没有导通。此时可以拔下机器人的动力线,检查对应引脚是否导通,若不导通,则检测线缆或者机器人本体内部的相关电路。

若控制柜外的线路检查正确,则检查图 11-44 中控制柜的动力线引脚 D1~D4 与柜内安全板 X13 对应引脚是否导通。

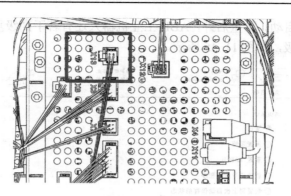

图 11-42　图中的方框为安全板的 X13

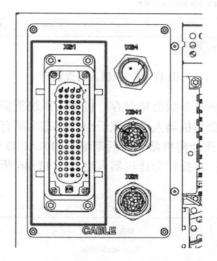

图 11-43　控制柜与机器人本体的连接

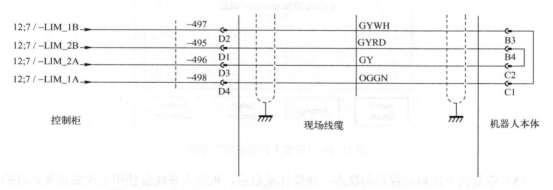

图 11-44　动力输出 XS1 与机器人本体之间限位开关信号的连接

11.12　高级重启功能介绍

重启 ABB 工业机器人系统可以通过单击"示教器"-"重新启动"-"重启进行"实现。

该操作类似 PC 的热启动。除重启外，ABB 工业机器人还有若干高级重启功能。进入方式为示教器-重新启动-高级，如图 11-45 所示。

图 11-45 机器人高级重启

（1）重启：普通重启。所有参数会被保存，机器人系统重新启动。
（2）重置系统：该操作会将机器人重新置于出厂状态，所有程序和后期配置被删除。
（3）重置 RAPID：该操作会将机器人内后期编写的 RAPID 程序清空。
（4）启动引导应用程序：该操作会让机器人进入图 11-46 所示的界面，该界面可以选择系统和设置网络 IP 等。

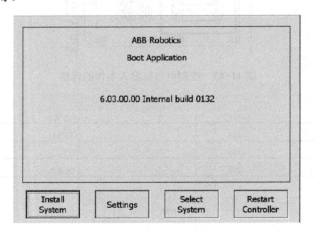

图 11-46 "机器人启动引导"界面

（5）恢复到上次自动保存的状态：该操作重启后，机器人系统会使用上次成功关机时的系统。上次成功关机之后的系统配置都会被丢弃。RAPID 等代码依旧保留。
（6）关闭主计算机：该操作仅会关闭主计算机。由于主计算机的关闭，示教器会显示"Connecting to the controller"。此时可以关闭机器人主电源。此方法为正确关闭机器人的方法。